AMERICAN COLLEGE
of SPORTS MEDICINE®

ACSM 身体成分评估

ACSM's Body Composition Assessment

美国运动医学学会　著

〔美〕蒂莫西·G. 洛曼　〔美〕劳里·A. 米利肯　主编

倪国新　张培珍　李　然　主译

U0344459

北京体育大学出版社

策划编辑：王英峰
责任编辑：孙　静
责任校对：邓琳娜
版式设计：久书鑫

图书在版编目（CIP）数据

ACSM 身体成分评估 / 美国运动医学学会著；倪国新，张培珍，李然主译. -- 北京 ： 北京体育大学出版社，2023.2

书名原文: ACSM's Body Composition Assessment

ISBN 978-7-5644-3775-6

Ⅰ. ①A… Ⅱ. ①美… ②倪… ③张… ④李… Ⅲ. ①人体测量 Ⅳ. ①Q984

中国国家版本馆 CIP 数据核字(2023)第 006439 号

ACSM 身体成分评估
ACSM SHENTI CHENGFEN PINGGU

美国运动医学学会　著
倪国新　张培珍　李　然　主译

出版发行：北京体育大学出版社
地　　址：北京市海淀区农大南路 1 号院 2 号楼 2 层办公 B-212
邮　　编：100084
网　　址：http://cbs.bsu.edu.cn
发 行 部：010-62989320
邮 购 部：北京体育大学出版社读者服务部 010-62989432
印　　刷：三河市龙大印装有限公司
开　　本：710mm×1000mm　　1/16
成品尺寸：170mm×240mm
印　　张：14.75
字　　数：231 千字
版　　次：2023 年 2 月第 1 版
印　　次：2023 年 2 月第 1 次印刷
定　　价：98.00 元

译者名单

译者（以姓氏笔画为序）

王丽娜　王沈涛　田书萌　闫润声　关斯嘉

李　然　李　瑾　汪皓男　杨玉婷　张培珍

张晚霞　陈　妍　陈　姗　秦菁鸣　倪国新

黄丽媛　董天祺

译者导读

身体成分评估可反映人体内部结构比例的特征，与健康状况紧密相关。在过去的 60 年时间里，与身体成分相关的科学研究得到快速发展，涉足运动医学、运动人体科学、营养学、生长与发育和老年医学等诸多领域，相关指标甚至被用于人体健康和慢性病的评价。然而，现有的身体成分评估技术很多，每种技术的测量方法也不尽相同，一本来指导和规范身体成分评估的教材亟须出版。

在美国运动医学学会的支持下，本书的主编组建了阵容强大的作者队伍，他们基于多年的研究和实践，提供了兼具科学性和实用性的身体成分评估指导方法。本书一方面描述了儿童和成人身体成分评估领域的最新进展，另一方面阐述了在实验室和现场使用的身体成分评估方法，并详细描述了每种方法的标准化程序以及标准化程序下的优点和局限性。这些知识有助于规范身体成分评估的技术选择、测量方法和流程，极大地推动了身体成分评估在各个领域的应用。

本书共八章，第一章阐述了身体成分评估的基本知识与概念，第二至四章介绍了不同的身体成分评估方法，第五章描述了如何评价身体成分测量的误差，第七章介绍了针对特殊人群的有效身体成分公式的应用，这些重要章节旨在防止身体成分评估方法的滥用。此外，第六章讨论了身体成分评估的一个重要应用，即最低体重的估算，这对运动员和进食障碍人群都是至关重要的。第八章则概述了身体成分评估在不同领域的方法学问题。

本书的主编有意建立一个身体成分评估的标准化体系，以便为在体育与健康等相关领域从业的人群中开展身体成分评估培训与认证工作做准备。为此，每位译者都精推细敲、反复斟酌原文和译文，几经修订才使本书呈现在读者面前。若本书仍有不足之处，肯请各位专家、同仁和读者批评指正。

倪国新

2022 年 2 月 6 日于北京

前　言

　　从 1961 年在纽约举行的第一次身体成分研讨会开始，对身体成分评估的科学研究在之后的 50 年里加速发展。研讨会之后，具有里程碑意义的两卷身体成分论文集出版，涉及人体生物学、体质学、运动科学、营养和运动医学等领域[1]。

　　研究身体成分的先驱者有：西丽（Siri）（身体成分的变异来源估计）、布罗泽克（Brozek）（身体成分的范畴）、本克（Behnke）（密度测定法）、威尔莫尔（Wilmore）（在运动医学领域的贡献）、福布斯（Forbes）和皮尔逊（Pearson）（总体钾测定）、罗奇（Roche）和洛曼（Lohman）（生长与身体成分研究）、洛曼和罗奇（人体测量标准化参考手册）、穆尔（Moore）（体细胞质量）、马泽斯（Mazess）（骨密度测定方法及发展）、海姆斯菲尔德（Heymsfield）和埃利斯（Ellis）（参考方法）、王（Wang）（身体成分模型）。其他研究者建立了身体成分的现场评估方法，强调方法的发展及其在健康与慢性病管理、生长与发育、老年医学、营养学、运动人体科学、运动医学、儿科学等领域中的应用。《人体身体成分》第一版[2]和第二版[3]的出版，以及海沃德（Heyward）和斯托拉奇克（Stolarczyk）[4]在身体成分的应用方面所做的工作，对此领域的发展起着决定性作用。

　　本书介绍了儿童和成人身体成分评估领域的进展，并可应用于运动医学、运动人体科学、营养学、生长与发育和老年医学等领域。此外，本书还涉及身体成分评估在健康与慢性病管理中的应用，涵盖对身体脂肪总量、脂肪分布、肌肉重量的评估，骨密度也是此领域中一个特别重要的方面。

　　本书：

　　（1）阐述了在实验室和现场使用的身体成分评估方法；

（2）详细描述了每种方法的标准化程序；

（3）总结了标准化程序下每种方法的优点和局限性。

本书旨在为研究人员和临床医生提供全面的身体成分评估方法。要做到这一点，关键是要了解每种测量技术中固有误差的来源以及这些技术可以准确地被应用于哪些人群。由于直接销售给消费者的身体成分评估设备日益增多，但相关制造商并未同时提供测量误差和群体内变化的资料，因此，临床医生和研究人员作为专家发挥着重要作用，关于身体成分评估结果的解释需要他们的帮助。

编者在身体成分评估领域有着丰富的经验，希望本书的出版有助于读者对身体成分评估的学习和应用。

目录
Contents

第一章　身体成分及评估简介

蒂莫西·G. 洛曼，博士（Timothy G. Lohman，PhD）
劳里·A. 米利肯，博士，美国运动医学学会资深会员
（Laurie A. Milliken，PhD，FACSM）
路易斯·B. 萨丁哈，博士（Luis B. Sardinha，PhD）

学习目标

通过本章的学习，你将掌握以下内容：

- 不同准确性级别的四类身体成分评估方法
- 身体成分测量的精度、客观性、准确性和可靠性
- 测量技术误差的概念及其计算方法
- 效度及交叉验证研究
- 身体成分测量的概念和基本术语

评估身体成分的方法有很多，每种方法都有其优点和局限性。为了更好地应用这些种类繁多的评估方法，我们将它们按照身体脂肪评估的准确性级别进行分类（表 1.1），第 1 级包含了那些准确度最高的参考方法，其中的多组分模型将在第二章介绍，主要包括测量身体密度、身体水分和骨矿物质的各种参考方法及相关的理论和临床意义。

表 1.1　身体成分评估方法分类（按身体脂肪评估的准确性级别分类）

第 1 级 参考方法 （1%～2%）	第 2 级 实验室方法 （2%～3%）	第 3 级 现场方法 （3%～4%）	第 4 级 现场方法 （5%～6%）
磁共振成像 （MRI）	水下称重法（UWW）或 空气置换法（ADP）	皮褶厚度法	体重指数 （BMI）
计算机断层扫描 （CT）	双能 X 射线吸收法 （DXA）	生物电阻抗法 （BIA）	体型指数 （ABSI）
多组分模型	超声法	围度测量法	
	身体总水量法 （TBW）		
	总体钾计数法		

第三章将介绍属于第 2 级的实验室方法。在很多情况下，这些方法因为准确度不够，不能被归类为参考方法，但是它们非常实用，常常作为标准方法来评价新的方法。例如，国际奥委会（International Olympic Committee，IOC）医学委员会特设工作组进行的一项关于身体成分、健康和表现的调查研究显示，作为一种实验室方法的双能 X 射线吸收法（Dual-energy X-ray Absorptiometry，DXA），是针对运动人群第二常见的身体成分测量方法[1]。

虽然第 3 级和第 4 级都属于现场评估方法，但在评估身体脂肪时第 3 级的准确性更高些，属于该级别的皮褶厚度法、生物电阻抗法（Bioelectrical Impedance Analysis，BIA）和围度测量法将在第四章中介绍。迈耶（Meyer）等人发现国际上从事运动员人群研究的专业人士第一和第三常用的身体成分评估方法分别是皮褶厚度法和生物电阻抗[1]。阿克兰（Ackland）等人[2]对这些方法的准确性级别进行了进一步的阐述。

在本章中，我们将对一些基本概念进行讲解，这对读者理解身体成分的评估至关重要。本章接下来的部分旨在帮助读者更全面地了解身体成分评估方法的基础内容，以帮助读者减少在使用过程中的错误。

一、身体成分测量和评估中的误差

所有的身体成分测量方法都可能出现误差，记住这一点很重要。在几年前进行的一项研究中[3]，四名经验丰富的测量人员根据杰克逊（Jackson）和波洛克（Pollock）[4]定义的五个皮褶厚度测量位点选用四种不同的皮褶厚度仪对小样本的女性运动员进行了测量。这四名测量人员并没有一起接受培训，而是根据自己的理解，按照公布的照片中皮褶厚度的测量说明及杰克逊和波洛克文章中描述的方案进行操作。结果显示，被测者的平均体脂百分比在14%～28%，实验结果的差异与皮褶厚度仪、测量人员和选择的公式（代表不同人群的五个公式）有关。测量人员、皮褶厚度仪和公式这三个变量的组合总共有80种，这也从侧面反映了目前现场评估面临的问题，即测量方法尚未标准化。生物电阻抗法也可以被用来进行测量，鉴于使用的单位和公式各式各样，测量结果也会有很大的差异。显然，测量人员使用有效预测公式和标准化测量方案，并接受进行适当的操作培训，可以极大地减少现场评估结果的差异（第六章、第七章）。

实践启示

考虑到皮褶厚度仪、测量人员和公式的不同会导致同一批被测者平均体脂百分比的测试结果在14%～28%，很有必要采用统一的标准化测量方法，以消除这些因素所致的差异。此外，在重复测量时改变方法也会使结果产生差异。因此，最好的做法是除了对测量人员进行正规的培训外，还要尽可能保持测量方法的一致性，这样不仅可以减少技术性的测量误差，随着时间的推移，还可以提高相关人员检测身体脂肪变化的能力。如果条件允许，应该由同一名训练有素的测量人员在一天的同一时间点、使用相同的仪器和相同的公式进行重复测量，以最大限度地减少误差。

《身体成分评估进展》[5]一书中介绍了一项重要研究及其结果，该研究涉及六个不同的实验室，这些实验室都遵循同一套标准方案和培训程序。每个实验室均独立地使用皮褶厚度法和生物电阻抗法对 50 名年轻成年人进行身体成分测量，然后将这些测量值与通过水下称重法（Under Water Weighing，UWW）（该研究中使用的标准方法）获得的测量值进行比较。结果发现，采用皮褶厚度法和生物电阻抗法进行测量时，估计标准误（Standard Error of Estimate，SEE）均为体脂百分比的 3.5%，并且采用这两种方法的六个实验室所得出的结果是相似的。该研究的结果与许多采用不同研究人员、遵循不同方案的研究结果形成鲜明对比。

正如前文所述，在测量和评估身体成分时，必须尽量减少误差。总的来说，有两个主要的误差来源需要考虑：一是与测量人员进行测量相关的技术误差；二是与所选择的方法相关的生物误差。技术误差与精度、可靠性和客观性的概念有关，而所选方法中固有的生物误差与准确性和效度有关。了解精度、可靠性和客观性的概念是减少与所选方法相关的误差的关键，而教育和培训对于最大限度地减少技术误差至关重要。

实践启示

在那些比较新的和成熟的身体成分测量技术的研究中，一个常见的误差是估计标准误。估计标准误越小，说明新技术的测量结果越接近成熟技术或参考方法的测量结果。与成熟技术相比，如果体脂百分比的估计标准误为 3.5%或更小，则新技术可以被认可；如果估计标准误大于 3.5%，则意味着新技术的错误率太高而无法被认可。很多时候，测量人员只能选择现场测量方法，而一些现场测量方法会产生较高的误差，因而在解释结果时，需要对这一点进行说明。如果使用估计标准误值为 5%的技术测量某些人的体脂百分比，那么他们的实际值可能会比测量值高 5%或低 5%。例如，若使用估计标准误值为 5%的方法测量出某人的体脂百分比为 23%，那么在 2/3 的情况下，他的实际值可能高达 28%或低至

18%；在 1/3 的情况下，误差会更大。总之，估计标准误值越小，所测得的体脂百分比越准确。

技术误差

理解精度、可靠性和客观性的概念对如何最大限度地减少技术误差至关重要。精度是指在相同条件下（且在同一人身上）进行相同测量产生相同结果的程度（也称再现性或可重复性）。精度通常以被评估变量的相同单位表示，精度高意味着连续测量的可变性低，但精度高不一定说明该方法是准确的。也就是说，采用同一种方法重复测量可以得到相近的结果，但这些结果可能与实际值相差甚远。

精度反映了一项技术重复测量同一被测者身体成分时结果的一致程度，该项技术的可靠性则是用来评估大量被测者之间的测量差异。使用可靠性而不是精度的原因是可靠性没有单位，因此可以比较不同单位变量的精度。最常用的反映可靠性的指标是组内相关系数（Intraclass Correlation Coefficient，ICC），其取值范围为 0（完全不可信的方法）～1（完全可信的方法）。

客观性是衡量测量人员之间测量结果一致性程度（测量者间可靠性）的指标，它可以评估同一组被测者中不同测量人员测量的差异性。使用人体测量法有时会导致测量的客观性降低，例如，在进行人体测量时，测量人员在标记标志点时的差异及不同的测量技术都可能导致测量的客观性降低。因此，当有多个测量人员参与测量时，为了确保所收集数据的高度客观性，需要对所有测量人员在测量前进行集体培训。

精度、可靠性和客观性的高低通常与所观察的群体有关，因为测量值的大小可能会影响误差的大小。因此，测量人员在评估技术误差时，应选择与研究的样本形态相似的群体。比如研究的对象为中度至重度肥胖人群，则该设备的精度、客观性和可靠性不应用于运动员的测试，因为运动员通常具有较大的肌肉重量和较小的脂肪重量（Fat Mass，FM）。

虽然与身体成分测量相关的技术误差不可避免，但我们可以通过选择精度更高的测量工具来最大限度地降低误差，可以通过标准化程序、定期校准设备及在收集数据之前培训所有测量人员来减少其他误差源，还可以通过计算与这些重复测量相关的误差来检测测量工具的可重复性。

最常用的衡量精度和客观性的指标是测量技术误差（Technical Error of Measurement，TEM），如公式 1.1 所示。当一位测量人员进行重复测量时，可以用 TEM 来评估精度，或当不同的测量人员在相同的条件下用同一程序评估同一人时，也可以用 TEM 来评估客观性。这种评估质量控制是测量人员通过培训提高自身评估能力的关键。此外，测量人员应该在重复测量中报告 TEM，并分析结果差异是否大于 TEM。如果不是，则说明结果差异可能不是来源于暴露 / 干预，而是来源于 TEM。用 TEM 衡量精度时，一位测量人员对 n 个被测者中的每一位分别进行两次测量，TEM 计算公式如下：

$$TEM = \sqrt{\frac{\Sigma(D^2)}{2n}} \quad\quad (1.1)$$

用 TEM 衡量客观性时，通过两次测量结果计算技术误差，两位测量人员分别对 n 个被测者中的每一位进行测量。在公式 1.1 中，D 是两位测量人员对同一被测者进行测量所得结果的差值。TEM 值越小意味着同一测量人员（精度）或不同测量人员（客观性）所做的重复测量的误差越小。

前文提到的组内相关系数除了可用于量化可靠性之外，还可以用来确定测量标准误（Standard Error of Measurement，SEM）。SEM 也是一种可靠性指标，它能表明测量误差（使用同一方法进行重复测量所得结果之间的差异）的离散度。具体地说，就是同一位测量人员用同一方法对一组人进行两次测量，然后计算每个人测量值之间的差值。SEM 的计算方法是 1 减去可靠性（r）的平方根乘以两次测量之间差值的标准差（Standard Deviation，SD），如公式 1.2 所示（这里的 r 可以是组内相关系数的值）：

$$SEM = SD \times \sqrt{1-r} \quad\quad (1.2)$$

例如，如果一个测量人员对五个人分别进行两次测量，五个人两次测量之间的差分别为 -2.4、-0.3、3.7、0.9 和 1.5，组内相关系数 $r = 0.90$，则 SEM 可以这样计算：两次测量差值的 SD 值为 2.25，将这些数值代入公式 1.2，得到 SEM = $2.25 \times 0.32 = 0.72$。

每一个身体成分评估研究都应该描述测量方法、测量工具和测量人员，并计算精度、客观性和可靠性。例如，即使在相同的条件下进行测量，测量人员 X 在 X

实验室中采用双能 X 射线吸收法或采用 X 模型测量脂肪重量的测量技术误差，不能应用于在 Y 实验室或采用 Y 模型或由测量人员 Y 测量脂肪重量。

系统误差不是随机产生的，而是由测量人员测量技术的变化或测量设备的错误校准导致的。误差具有累加性，系统误差由测量中的一些偏倚引起，这些偏倚累加时会导致测量平均值与实际值不同。系统误差有多种来源，最常见的包括设备的校准问题、测量人员的技术问题、可能会干扰测量的环境条件或被测者不具备某些身体成分评估的先决条件。因为我们很难知道误差的大小和来源，所以收集数据后再消除系统错误是非常困难的。然而，我们可以处理某些恒定的误差，例如，当使用人体测量法时，皮褶厚度仪的测量值总是出现＋1mm 的情况，这种情况就很容易被检测到。此外，我们还可以处理其他相对难以发现和解决的误差，例如，一个常见的系统误差是测量一个人身高的时间，一般来说，人早上的身高比晚上稍高，因此，为了避免出现时间效应带来的差异，我们需要在一天的同一时间点测量所有被测者，而且最好是在早上。

如果我们知道系统误差的主要来源，则可以较容易地提高数据的准确性，例如，经常校准设备、对测量人员进行适当的培训、使用标准化方案等。我们甚至可以考虑其他可能的误差来源，如环境因素或针对某一特定方案的必要前期准备等来减少系统误差。

准确性是指一种特定的方法能够估计实际值的程度。一般来说，与参考方法相比，身体成分的现场评估方法（如皮褶厚度法或生物电阻抗法）在估算体脂百分比方面的准确性为 3%～4%。而一种方法的效度在于它能够准确测量所要测量的事物的程度。虽然皮褶厚度法可以很好地（准确地）测量出人体的皮下脂肪厚度，但它不能有效地衡量人体总脂肪，因为使用皮褶厚度法来估算身体脂肪时常基于如下假设：脂肪类型相同、皮下脂肪与内部脂肪存在固定关联、皮褶可压缩性恒定、皮肤与脂肪比例恒定，且脂质比例和脂肪组织水含量也恒定。然而，这些假设存在个体差异，这使得使用皮褶厚度法来估算身体脂肪的效度降低。

均方根误差（The Root Mean Squared Deviation，RMSD）也称纯误差，它是与参考值比较时衡量预测值准确性的指标。为了衡量新方法的准确性，对一个样本进行两次测量，一次是使用既定的参考方法，另一次是使用一种正在确定其准确性的新方法（替代方法）。如果新方法准确，则获得的值应该接近参考方法的值。RMSD

的计算如公式 1.3 所示：

$$RMSD = \sqrt{\frac{\overline{\Sigma(\text{测量值}-\text{参考值})}}{n}} \qquad (1.3)$$

在表 1.2 中，差值的平方和是 14.36，四舍五入为 14.4，有 10 个被测者，由此得到公式 1.4。

$$RMSD = \sqrt{\frac{14.4}{10}} = \sqrt{14.4} \pm 1.2\text{kg} \qquad (1.4)$$

表 1.2　参考方法与间接测试法测量身体总水量（TBW）的比较

被测者	BIA（间接测试法）测量 TBW 的 kg（lb）值	稀释法（参考方法）测量 TBW 的 kg（lb）值	差值/kg（lb）	（差值）²
1	56.1（123.7）	54.2（119.5）	1.9（4.2）	3.61（7.96）
2	69.2（152.6）	70.0（154.3）	−0.8（−1.8）	0.64（1.41）
3	47.3（104.3）	48.1（106.0）	−0.8（−1.8）	0.64（1.41）
4	59.1（130.3）	59.5（131.2）	−0.4（−0.9）	0.16（0.35）
5	71.8（158.3）	71.4（157.4）	0.4（0.9）	0.16（0.35）
6	56.5（124.6）	57.1（125.9）	−0.6（−1.3）	0.36（0.79）
7	60.3（132.9）	60.0（132.3）	0.3（0.7）	0.09（0.20）
8	53.7（118.4）	53.2（117.3）	0.5（1.1）	0.25（0.55）
9	51.5（113.5）	48.6（107.1）	2.9（6.4）	8.41（18.54）
10	59.3（130.7）	59.1（130.3）	0.2（0.4）	0.04（0.09）
总和	—	—	—	14.36（31.65）

结果显示，与参考方法相比，通过生物电阻抗法测量的身体总水量（Total Body Water，TBW）精确到±1.2kg。

均方根误差也可以通过计算残差（替代方法与参考方法之间的差异）均方根来

量化替代方法与参考方法之间的差异。在考虑如何处理误差的平方根时，可以运用均方根误差，因为它同时包含随机误差和系统误差，因此能更好地估算针对有偏倚样本的测量方法的准确性。均方根误差是衡量替代方法的测量值与参考方法的实际值之间差异的指标，均方根误差越小，替代方法的准确性就越高。例如，交叉验证样本在年龄、种族和性别方面的差异可能导致均方根误差变大。需要注意的是，由于测量标准误和均方根误差均取决于测量尺度，因此如果测量方法的变量不同，那么就无法比较方法的准确性。

另一种评估参考方法和新方法一致性的方法是量化这两种测量方法之间的关系。通常，衡量两种身体成分评估方法之间关系程度的统计学指标是相关系数。根据关系的紧密程度，相关系数在 -1.0～1.0。在身体成分测量领域，相关性低是指相关系数在 0.1～0.3，相关性高是指相关系数高于 0.8。如果对相关系数求平方，我们可以得到用另一种方法解释的变化的估算值（决定系数，表 1.3）。可以解释的变化越多，则分数的相关性越高。

表 1.3 相关系数衡量

相关系数	$r^2 \times 100\%$（决定系数）
$r=0.3$	9%
$r=0.5$	25%
$r=0.7$	49%
$r=0.9$	81%

相关系数可以随研究样本的变化而变化。但当使用总体的随机样本时，相关系数没有偏倚。如果样本的异质性小于总体，那么总体相关系数可能会被低估，就像大多数研究中我们的志愿者样本特征也会出现类似情况一样。此外，估计标准误是两个变量之间的回归线或最佳拟合直线的标准差，其对样本变异性的依赖较小，所以能更好地评估两个变量之间的关系。

实践启示

　　决定系数的计算公式为 $r^2 \times 100\%$，其中 r 是指一项新技术和一项成熟技术测得的体脂百分比数值间的关系。在评估新技术的研究中，需要同时使用新技术和成熟技术对被测者进行测量。如果新技术测得的脂肪含量接近成熟技术测得的脂肪含量，说明这项新技术具有良好的准确性。通过使用统计回归方法得出 r 值，它可以表示这些变量间的相关程度。假如两种技术准确地测量了同一指标（身体脂肪含量），那么它们之间应该具有很强的相关性。一项新技术的决定系数只有大于80%才会被认为具有准确性。此外，通过本章前面的学习，我们知道估计标准误值也应该是低的。除了考虑估计标准误和决定系数，我们也要考虑偏倚问题。若一个测量技术存在着很大的偏倚，那么即使它拥有低误差性和良好的相关性，该技术依然不会被认可。布兰德－奥特曼分析（Bland–Altman analysis）显示了偏倚问题，本章稍后将对此进行讨论。一项测量技术需要具有高决定系数、低估计标准误以及没有或低偏倚的特征才会被人们认可。

　　当线性回归的平方偏差（预测值与实际值之差）最小时，即可得到最佳拟合直线的斜率和截距。我们可以根据方法之间的相关性来计算估计标准误（公式1.5）。

$$\text{SEE} = S_y \sqrt{1 - r^2} \qquad (1.5)$$

其中 S_y 是指 Y 的标准差，r 是指 X 和 Y 之间的相关系数。

　　此外，估计标准误也可以根据线性回归的离差平方和求出（公式1.6）。

$$\text{SEE} = \sqrt{\frac{\Sigma(y_i - \hat{y})}{n - 2}} \qquad (1.6)$$

　　其中，y_i 是指某个特定对象测量的实际值（方法 a，参考方法），$\hat{y}$ 是指用最佳拟合直线通过方法 b（现场方法）预测的回归线上的值。

　　整个样本的平均预测值与实际值之间的差异（离差平方）可以估计与样本变异性无关的两种方法之间的关联程度。相关性和估计标准误都假设两个变量之间存在线性或直线关系。如果这种关联是非线性的，关联程度就会被低估。

二、效度验证和交叉验证研究

在本章的第一部分中，我们提出了一些与评估特定身体成分方法的效度相关的重要概念。评估身体成分的方法还需要具有足够的精度和客观性才能被认定有效，方法中存在的误差可以用所述的公式来量化（表1.4）。在判断一种新方法的效度时，一项设计精良的效度研究会把参考方法作为对比准确性的标准。验证新方法的效度常采用相关分析与回归分析。虽然这两种统计分析方法都有用，但也存在不足之处。使用布兰德－奥特曼分析对新方法或公式进行交叉验证对于全面评估是至关重要的，该分析法既可以评估系统误差，也可以评估随机误差。此外，这种分析方法可以识别分布尾部存在的关系偏倚。

表1.4 评估身体成分时各种测量误差的算法总结

公式/分析法	作用	优势/局限性	性质
TEM	评价精度或客观性	结果要用与被评估变量相同的单位表示	TEM越小，精度或客观性越高
ICC	衡量测量的可靠性，反映重复测量的相关性	无单位，允许跨成分比较	0表示不可信，1表示完全可信
SEM	通过ICC值计算	结果用测量技术的度量单位表示	SEM越小，可靠性越高
RMSD	评价技术准确性	结果用测量技术的度量单位表示	RMSD越小，准确性越高
相关/回归分析	广泛用于验证研究；描述新方法和标准方法之间的关系	存在低估同质性样本相关性的风险	取值范围为$-1\sim1$；绝对值越大，相关性越高
SEE	给出效度验证研究得出回归分析的标准差	提供了比相关性更好的估计关联程度的方式	SEE越小，准确性越高：1级方法为2%～3%，2级方法为3%～4%
布兰德－奥特曼分析	在效度验证研究中，利用两种方法之间的差值（y轴）与参考值（x轴）作散点图	验证或交叉验证研究的必要步骤；可以显示全布范围内的系统误差或随机误差	为了准确，斜率应该是0，平均差应该也是0

注：TEM为测量技术误差；ICC为组内相关系数；SEM为测量标准误；RMSD为均方根误差；SEE为估计标准误。

因此，根据参考方法（标准方法）测试新方法是效度验证研究的第一步。四组分模型是一个比较理想的参考方法，即用从实验室方法测得的身体密度、身体水分和骨矿物质来估算每个被测者的身体脂肪含量（在第二章中将会深入讨论）。估计标准误（SEE）可以用来估计新方法的准确性。根据估计标准误值的大小，我们可以将新方法分为 2 级（SEE 在 2%～3%）、3 级（SEE 在 3%～4%）或 4 级（SEE≥4%）。仅当使用成熟的参考方法（如四组分模型）作为标准时，我们才能使用这种分类级别的方法。

在某一特殊人群的效度验证研究中建立一个身体成分公式之后，可以将该公式用于同一总体的另一个样本中，以检验该公式在新样本中的应用效果。交叉验证非常重要，因为该过程可确保一项新技术不局限于某个实验室或某个人群。如果我们要对一个公式进行交叉验证，那么使用均方误差获得的结果应与建立该公式的样本使用公式的估计标准误值相似。研究者特定公式和研究特定公式是指那些由于实验方案的差异及研究之间的抽样差异导致在同一群体的另一样本上应用效果很差的公式。人群特定公式是指那些已在一个群体的样本中测试过，但在另一个群体中应用效果不佳的公式。如果该公式对成年人有效而对儿童无效，那么在应用到不适宜人群后，参考方法和新方法之间将存在一个系统性的差异。

在交叉验证研究中，如果平均预测值接近实际值，并且估计标准误值与原始验证研究结果相近，说明该公式已经通过了交叉验证。通过将系统误差（方法间的平均差）与估计标准误相结合，我们将会得出新方法和公式（均方根误差）的总误差。此外，研究者也可以在其他人群中进行额外的交叉验证研究，以确定该方法是否同样适用于新人群。

效度验证和交叉验证还应确保测量方法的准确性不受所测值大小的影响。例如，一种测量技术可能在正常体重人群中有效，但在超重人群中无效。布兰德-奥特曼分析[6]能够明确新方法与参考方法之间的差异是否会随所测值的增加（或减少）而增加（或减少）。此方法根据每个对象参考方法和新方法之间的差异（y 轴），将新方法的测量结果绘制在 x 轴上。由于布兰德-奥特曼分析可以将随机误差从系统误差中分离出来，因此该方法比均方根误差能更好地评估交叉验证的结果。

在理想情况下（图 1.1），最佳拟合直线的斜率和方法之间的平均值差异均为 0。这说明两种方法之间不存在系统误差（平均值差异为 0），并且两种方法之间的差异与脂肪的绝对值之间也没有关系（斜率为 0）。

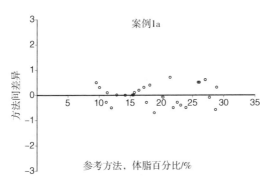

图 1.1　采用布兰德-奥特曼分析发现两种方法之间差异为 0 的案例

另一种情况是两种方法与脂肪绝对值有关。举一个例子，如图 1.2 所示，尽管最佳拟合直线的斜率仍然为 0，但与参考方法相比，所有身体成分的测量值平均系统误差为 +3%。

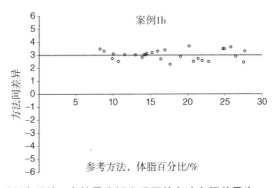

图 1.2　采用布兰德-奥特曼分析发现两种方法之间差异为 +3% 的案例

在图 1.3 中，我们可以看到在参考方法中身体脂肪含量较低的情况下，方法之间的差异都在最佳拟合直线以下，说明通过新方法得出的值比参考方法小，因此应用新方法会低估脂肪含量。而在参考方法中身体脂肪含量较高的情况下，新方法又会高估脂肪含量。相反情况如图 1.4 所示。

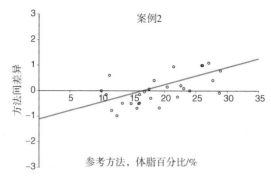

图 1.3　采用布兰德－奥特曼分析发现不同方法之间的差异与
身体脂肪含量的绝对值呈正相关的案例

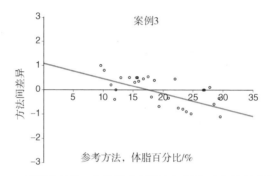

图 1.4　采用布兰德－奥特曼分析发现不同方法之间的差异与
身体脂肪含量的绝对值呈负相关的案例

三、身体成分术语和概念

虽然许多人认为身体成分是用来衡量肥胖的，但它其实是一个广泛的领域，包括对人体任何部分的衡量，因此，有许多身体成分术语需要得到解释。现有的身体成分评估方法是身体各个部分评估方法的总和。在本部分，我们将介绍常用的模型，并定义与身体成分相关的术语和概念。

首先，我们来介绍一下常用的模型和一些常用术语。

（1）两组分模型：将人体重量仅分为脂肪重量（FM）和去脂体重（Fat－Free Mass，FFM）两部分，该模型是最简单、最容易应用的身体成分模型。

（2）多组分模型：将人体成分划分为 3 个甚至多个组分（见第二章）。

（3）脂肪重量：包括人体脂肪组织和体内其他组织的所有可提取脂质。

（4）瘦体重：内脏、骨骼、肌肉的重量加上器官、中枢神经系统和骨髓中必需脂肪的总重量。

（5）质量：人体内所含物质的多少。

（6）重量：重力作用于人体的力的大小。

（7）体重（总体重）：人体各组成部分的重量之和。

（8）骨量：人体内所有骨骼的重量。

其次，我们还要明确脂肪组织和脂肪的关系。

脂肪组织是由脂肪细胞组成的结缔组织，脂肪细胞主要用来储存甘油三酯；人体脂肪组织中脂肪含量为 60%～85%，蛋白质含量为 2%～10%，水分含量为 10%～20%。

再次，我们将比较去脂体重和瘦体重以及瘦体组织的不同（图 1.5）。

（1）去脂体重：人体去除所有脂类组织后的重量。

（2）瘦体重：去脂体重与必需脂肪之和［本克（Behnke）首次提出必需脂肪的概念[7]］。

（3）瘦体组织：由水和蛋白质以及器官组织组成，不包括矿物质［去脂体重（不含脂类）总是小于瘦体重，瘦体重总是重于瘦体组织］。

此外，一些身体成分测量方法都使用密度而非体重的概念。

（1）密度：单位体积的质量（密度＝质量/体积）（质量单位：kg、g、mg；体积单位：mL、L、cm³、m³ 等）。

（2）身体密度：人体的整体密度是由人体主要分子成分（如脂肪、矿物质、水和蛋白质）的密度决定的。

（3）密度测定法：利用已知或测量得到的各种身体成分的密度来估算身体成分的方法。

（4）骨密度：人体去除所有水分后的骨密度约为 3.038g/cm³，是人体所有组织中密度最大的。

（5）脂肪密度：约为 0.90g/cm³，脂肪是人体密度最低的组织（这里的脂肪是指脂类）。

（6）蛋白质密度：约为 1.34g/cm³，蛋白质是人体内所有组织的主要组成成分。

（7）水分密度：在标准温度和压力下，人体水分密度为 0.9937g/cm³。

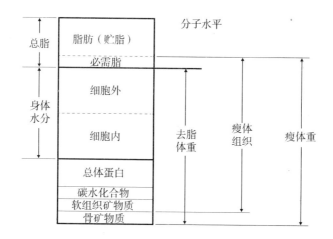

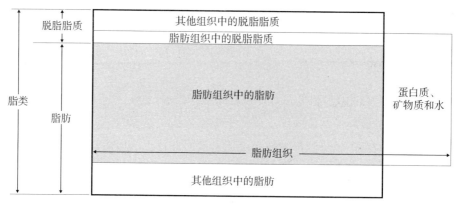

图 1.5　身体成分分子水平的主要组成

资料来源：经许可转载自 W. Shen，et al.，"Study of Body Composition：An Overview，" in *Human Body Composition*，2nd ed.，edited by S. Heymsfield，T. Lohman，Z. Wang，and S. Going（Champaign，IL：Human Kinetics，2005），1–16.

接下来，我们探讨一下去脂体重的主要组成部分。

（1）身体水分：人体内的水分含量经常被错误引用，对此，关键是要联系上下文内容。如果是考虑去脂体重中的水分含量，则水分约占去脂体重的 74%；若是考虑全身水含量，那么身体水分占身体重量的 55%～60%。根据体内水合状态的不同，身体水分含量会有很大的差异。

（2）总体蛋白：体内所有的蛋白质。

（3）矿物质：体内所有的矿物质（包括骨矿物质和非骨矿物质）。

最后，我们来定义参考人。参考人是 20 世纪 60 年代发展起来的人类理论模型，它带动了现代身体成分的各方面研究。参考人是高加索人，体重为 70kg，他的身体成分是由 15% 的脂肪（10.5kg）和 85% 的去脂体重（59.5kg）组成，其中去脂体重包括 6.8%的矿物质、19.4%的蛋白质和 73.8%的水分[8]。其他参考模型也已建立，包括女性参考人[9]和参考儿童。与参考人相比，其他参考模型的去脂体重中含更高的水分和更低的矿物质[10]。

四、总结

本章的第一部分介绍了准确性的四个级别，并对不同的身体成分测量方法进行了分类，随后简要介绍了其他章节的内容。

本章的第二部分介绍了量化测量误差的概念，包括精度、客观性、可靠性和准确性。同时，我们还对测量技术误差进行了定义和说明。本部分还介绍了效度验证和交叉验证研究，它们是开发新方法或新公式的必要部分。

本章的第三部分介绍了需要掌握的关键身体成分术语和概念。第二章将更详细地讨论相关的身体成分模型以及它们与如今使用的测量方法间的关系。

总之，本章的目的是描述现有的身体成分评估技术及其理论基础，分析实验室方法与现场评估方法之间的区别，展示提高结果准确性和一致性的测试技巧，并介绍身体成分测量的实际应用。接下来的章节将使您更加了解身体成分评估的复杂性，并帮助您准确地使用这些测量方法。

（倪国新主译）

第二章　身体成分模型和参考方法

珍妮弗·W. 贝亚，博士（Jennifer W. Bea, PhD）

柯克·丘尔顿，博士，美国运动医学学会资深会员（Kirk Cureton，PhD，FACSM）

文森·李，硕士（Vinson Lee，MS）

劳里·A. 米利肯，博士，美国运动医学学会资深会员（Laurie A. Milliken，PhD，FACSM）

学习目标

通过本章的学习，你将掌握以下内容：

- 基于准确度的身体成分评估水平
- 评估身体成分参考方法的模型
- 评估身体成分参考方法的准确性和局限性

评估身体成分的方法在有效性、适用性和费用方面各不相同，但是都测量了人类的某些共同特征。本章先介绍身体成分模型，然后介绍以上述模型为基础的参考方法。身体成分模型是观察人体的不同方式，通过不同的方法，使各个部位测量的值相加起来等于总体（如体重）。用来测量全身身体成分的方法侧重于直接测量身体的每个部位或多个部位，测量能够反映某个部位一些物质的含量，或者是将两者结合。对于参考方法，本章将介绍它们是如何评估身体成分的，与身体成分模型的关系以及为什么它们是可用的最准确的方法。

有关身体成分模型的研究自 19 世纪以来就已开展，王等人[1]首次详细探讨了身体成分模型。在王等人的研究之前，两组分模型和三组分模型是该领域的主导。在身体成分的两组分模型中，研究者仅对其中一个组分进行测量，然后根据假设间接估算另一组分。例如，在 20 世纪六七十年代，身体密度测定法通常被用于估算体脂百分比，并设定去脂体重的密度为 $1.10g/cm^3$，脂肪密度为 $0.90g/cm^3$。它常被称为身体成分的金标准。然而，机体水分和骨矿物质的变化对去脂体重的密度有很大的影响，因此形成了三组分、四组分体系，可以同时评估身体水分和身体密度，或身体水分、身体密度和骨矿物质。泽林格（Selinger）[2]在西丽等人[10]的三组分模型的基础上进行了拓展，首次提出了四组分模型。洛曼[3]将泽林格的四组分模型应用于去脂体重中水分含量较高、骨矿物质含量较低的儿童。这部分内容将在第三章中详细阐述。

一、不同水平的身体成分

王等人[1]描述了身体成分模型的五个层次：原子水平、分子水平、细胞水平、组织-系统水平和整体水平。王等人还阐释了身体成分的相关术语并将其标准化，以便研究人员在对身体成分模型形成共识的基础上研发准确的评估方法。本章介绍了这些标准术语，并阐述了如何将较复杂的方法应用于身体成分的现场评估。

（一）原子水平

采用原子水平描述身体成分建立在人体由 50 种原子或元素组成的基础上，其中 6 种占总体重的 98%以上[4]。体重由为数不多的原子组成，该模型包含了 11 种人体含量最丰富的原子，它们占体重的 99.5% 以上。这 11 种原子是氧、碳、氢、氮、钙、磷、硫、钾、钠、氯和镁。其余 39 种原子所占体重比例不足 0.2%，在该模型中被称为剩余重量（Residual Mass）。

该模型的公式为：

$$体重 = O + C + H + N + Ca + P + S + K + Na + Cl + Mg + R \qquad (2.1)$$

其中，每种元素使用其在元素周期表中的符号缩写，R 为剩余重量[1]。

公式 2.1 的参考数据来自尸检或活检，但人体内主要元素的测量也可以通过总体钾（Total Body Potassium，TBK）计数和钠、氯、氮和碳的中子活化分析法（Neutron Activation Analysis，NAA）来完成，这些元素占总体重的 98%。这两种方法都将在本章的后续部分中详细介绍。

（二）分子水平

在"原子水平"这一部分描述的 11 种主要元素结合后形成分子。虽然人体包含成千上万的分子且几乎是不可能单独测量的，但身体成分的研究人员将密切相关的分子聚类以方便测量。因此，根据不同的测量方法，出现了许多可以反映分子水平的模型。例如，水、脂类、蛋白质、矿物质和糖类占体重的 98% 以上[4]，但这些分子都存在于身体的不同部位和组织中。这使它们的测量变得困难，因为可能没有一种方法可以测量所有不同组织中的某种分子，而且测量过程复杂。下面以脂类为例进行介绍。脂类可以是单纯脂、复合脂、类固醇、脂肪酸和萜烯类，可以分为必需脂类和非必需脂类。细胞膜中含有必需脂类，而非必需脂类，如甘油三酯，可以储存在脂肪组织中。非必需脂类也被称为脂肪，因此，一种可以测量脂肪的方法可能无法测量细胞膜中的必需脂类。该例中分子模型的公式为：

$$体重 = 脂类 + 水 + 蛋白质 + 矿物质 + 糖类 + 剩余重量 \qquad (2.2)$$

其中不属于上述几类的化合物为剩余重量，其所占比例为体重的 1%[1]。

对于分子模型中的水和矿物质，可以通过准确的直接测量方法测得。身体总水量可采用氘、氚等同位素稀释法进行测量，全身矿物质可采用双能 X 射线吸收法进行测量。蛋白质是含有氮的分子，可以通过中子活化分析法来间接估算人体总氮（Total Body Nitrogen，TBN）含量。该方法假设人体中所有的氮都存在于蛋白质中，已知蛋白质中的氮含量为 16% 并且处于恒定水平[5]。全身脂肪量可以通过身体密度测定法测量,在该方法中我们设定脂肪的密度为 $0.90g/cm^3$,去脂体重为 $1.10g/cm^{3[6,7]}$。

分子模型的其他公式有[1]:

$$体重 = 体内水重 + 干体重 \tag{2.3}$$

其中,干体重是脂类、蛋白质、矿物质、糖类和剩余重量之和;

$$体重 = 脂类 + 去脂体重 \tag{2.4}$$

其中,去脂体重为水、蛋白质、矿物质、糖类和剩余重量之和;

$$体重 = 脂肪 + 瘦体重 \tag{2.5}$$

其中,脂肪为非必需脂类,瘦体重为必需脂类、水、蛋白质、矿物质、糖类和剩余重量之和。

(三)细胞水平

细胞水平反映了分子被排列成具有协调功能的细胞。就像在分子水平上的情况一样,我们不可能对每个细胞进行测量,所以研究人员按功能或属性的相似性将细胞分成 4 类:结缔组织细胞、肌肉组织细胞、神经组织细胞和上皮组织细胞。脂肪细胞、血细胞和骨细胞被归类为结缔组织细胞,所有骨骼肌细胞、平滑肌细胞和心肌细胞均被视为肌肉组织细胞。细胞水平还包括细胞外液(Extracellular Fluids,ECF)和细胞外固体(Extracellular Solids,ECS)。细胞水平模型的公式为:

$$体重 = 细胞重 + 细胞外液 + 细胞外固体^{[1]} \tag{2.6}$$

其中,细胞重包括 4 个细胞群的重量,细胞外液是血浆容量和组织液之和,细胞外固体是无机固体和有机固体之和。

由于没有一种方法可以测得细胞重,所以我们对公式 2.6 进行了修改,以反映可以准确测量的成分。调整后的公式为:

$$体重 = 脂肪细胞 + 体细胞重 + 细胞外液 + 细胞外固体 \tag{2.7}$$

其中,体细胞重(Body Cell Mass,BCM)是能量代谢细胞,包括脂肪细胞原生质,但不包括储存在其中的甘油三酯;细胞外液和细胞外固体如前所述[1]。

体细胞重不能直接测量获得,但可以通过总体钾计数进行估算(体细胞重 = $0.00833 \times$ 总体钾)[8]。细胞外固体也不能直接测量获得,但也可以通过中子活化分析法测量某些细胞外固体如总体钙(Total Body Calcium,TBCa)来估算,其中细胞外固体 = 总体钙/0.177[7]。细胞外液的血浆容量和组织液部分可以通过稀释法获得。

（四）组织-系统水平

因为细胞构成组织，所以身体也可以由具有相关功能的组织、器官和系统来定义。像细胞被分为 4 类一样，组织也有 4 类：肌肉组织、结缔组织、上皮组织和神经组织。骨骼、脂肪和肌肉是健康相关研究的焦点。这些组织约占总体重的 75%[4]。一个组织-系统水平的模型公式如下：

$$体重=肌肉组织+结缔组织+上皮组织+神经组织^{[1]} \qquad (2.8)$$

另一个组织-系统水平的模型是基于身体中的 9 大系统，该模型公式如下：

$$体重=肌肉骨骼系统+皮肤系统+神经系统+循环系统+呼吸系统+$$
$$消化系统+泌尿系统+内分泌系统+生殖系统^{[1]} \qquad (2.9)$$

虽然此模型中的组织和系统对健康专业人士很重要，但由于可以测量每个组织或系统的方法很少，因而该模型的使用受限。一种更有效的方法是将这些组织和系统根据测量方法分组，由此得到公式 2.10，其中体重的 85% 为组织和系统的重量，15% 为剩余重量[4]：

$$体重=脂肪组织+骨骼肌+骨骼+脏器+血液+剩余重量^{[1]} \qquad (2.10)$$

该模型的主要信息来自尸检。然而，对活体来说这个方法也是可行的。脂肪组织可以通过密度测定法、计算机断层扫描（Computed Tomography，CT）或磁共振成像（Magnetic Resonance Imaging，MRI）来评估，骨组织可以通过双能 X 射线吸收法来评估。骨骼肌通过 24 小时尿肌酐排泄、总体钾或中子活化分析法测定氮间接估算。四肢骨骼肌可以用双能 X 射线吸收法通过瘦体重和已有的公式来估算。这些技术将在本章的后续部分介绍。

（五）整体水平

整体水平是对整个身体的外部特征（如体格和体形等）进行测量。洛曼等人[9]描述了 10 个外部特征：身高、体重、体重指数（Body Mass Index，BMI）、各部分长度、身体宽度、围度、皮褶厚度、体表面积、身体密度和身体体积。

身高反映体格大小，常用于描述儿童生长发育特征。在儿童成长阶段和成年时，体重也被作为筛查工具用于监测体重过轻和超重。体重指数可通过体重（kg）/

身高（m）^{2} 计算获得，被用于监测青少年和成年人的肥胖情况。另一个与身高和体重相关的指数是费尔斯（Fels）指数，即体重（kg）$^{1.2}$/身高（m）$^{3.3}$，它与肥胖的相关性略高于体重指数[9]。身体成分指标还包括其他体形和围度指标（见第四章）。当无法获得去脂体重时，常用体表面积来估算基础代谢率。

更具体的身体外部特征可以通过测量各部分长度、宽度、围度和皮褶厚度来获得。最常测的节段是上肢和下肢的长度及坐高。身体宽度用于估算骨架大小和骨骼质量。测量人员通常测量的是腕、肘、踝、膝和双髂骨的宽度。围度用于体脂百分比的预测公式中，尤其适用于肥胖人群。腰围已广泛用于测量腹部脂肪，腹部脂肪与心血管疾病的高发病风险有关。皮褶厚度是指在特定的标准化解剖位置测得的皮下脂肪厚度，测量人员可以根据 3～7 个位点测得的皮褶厚度，通过相应的预测公式来估算体脂百分比。

身体体积和身体密度是全身测量的最后环节。身体体积可以反映体格，也用于计算身体密度，即体重/身体体积。假设已知去脂体重和脂肪的密度，并且其在人群内和人群间是稳定的，那么身体密度可以被用于估算身体脂肪量（密度测定法）[10]。目前，某些特殊人群去脂体重的密度值已通过测量获得，这有助于提高人们对体脂百分比预测的准确性。

实践启示

不同水平的身体成分可能与一个领域的相关度高于另一个领域。例如，在营养学领域，分子水平可能更实用，因为分子模型的公式包含脂类、蛋白质和糖类。在运动科学领域，组织-系统水平更为实用，因为相关公式中包含脂肪组织、骨骼肌和骨骼。在流行病学领域，测量身体成分时经常使用反映整体水平的体重指数。医生在评估身高和体重时，可能关注的是整体水平。本文主要关注的是健康相关领域中测量不同水平身体成分的方法。

二、人体身体成分模型

多组分模型是评估身体成分的最佳参考方法之一。我们称之为评估身体脂肪的 1 级方法。与其他方法相比，多组分模型是最准确的，虽然它涉及多种技术，每种技术都含有技术错误和估算身体成分的假设，但是此模型的假设比简单模型的假设少。以下各部分将介绍每种组分模型，包括测量方法和估算身体成分的公式。

（一）两组分模型

许多测量身体成分的技术都是基于两组分模型，在该模型中，我们假设体重（Body Mass，BM）仅由脂肪和去脂体重两种成分组成。脂肪重量包括体内所有可提取乙醚的脂质，去脂体重包括除此之外的所有其他组织。例如，采用水下称重法或空气置换法（Air Displacement Plethysmography，ADP）测量人体密度时，就是应用两组分模型来评估身体成分的。这项技术过去被认为是身体成分间接测量法的金标准，许多身体成分的现场评估方法，例如，皮褶厚度法、其他人体测量法或生物电阻抗法已经通过基于两组分模型的实验室测量方法得到了验证[11]。

在使用两组分模型评估身体成分时，假设两组分中去脂体重的组成成分在不同人群中是一个恒定百分比。例如，在根据成人水下称重法测得的身体密度估算身体脂肪时，通常假设脂肪密度为 0.90g/cm³，去脂体重密度为 1.10g/cm³，去脂体重包含 73.8%的水、19.4%的蛋白质和 6.8%的矿物质。采用稀释法测得身体总水量估算身体成分时，假设水在去脂体重中所占比例恒定 [10,12]。

两组分模型的主要局限性是假设去脂体重的组成或去脂体重中物质的浓度恒定。尽管基于两组分模型评估身体成分的方法对大多数人来说是相当准确的，但是个体去脂体重中水、蛋白质和矿物质及去脂体重的其他成分在浓度方面的差异导致在对不符合上述假设的个体身体成分的估算中存在相当大的误差[13]。此外，在某些特殊人群中存在系统误差，例如，儿童[14]、患病个体[15]和某些运动员[16,17]去脂体重的组成与假设不同。在这些人群中，必须使用不同的常数才能采用两组分模型准确评估身体成分。

实践启示

由于可能存在系统误差，基于两组分模型的身体成分测量方法在应用时有一定的局限性。在不符合两组分模型的假设的群体中，体脂百分比可能会被低估或高估 2%～8%。一般情况下，测量人员不会确切知道其值偏离了多少。重要的是我们要认识到，没有任何一项身体成分技术是没有误差的，并且误差会延伸，这意味着误差会不断累加。方法选择错误将会累加到方法实施过程中出现的任何错误中。训练有素的测量人员应能根据测量目的为被测者选择适合的、误差最小的方法，然后严格执行测量方案，将所选方法的测量误差降到最低，获得最准确的结果。

（二）三组分模型

为了减少两组分模型中的假设带来的误差，多组分模型被开发。三组分模型与两组分模型相似，但它进一步对去脂体重的某些组成成分进行了估算，如采用氚稀释法或氘水稀释法测量身体总水量（即脂肪、水和其他物质）。此方法可测量的组分是体重、身体总水量和身体体积，用以估算脂肪重量、身体总水量和无水去脂体重（矿物质和蛋白质）。采用这项技术对身体成分进行评估时假设机体处于特定的水合状态[10]。当去脂体重的其他组成成分可以通过直接测量获得时，还可以应用其他的三组分模型。

（三）四组分模型

四组分模型在三组分模型的基础上增加了骨矿物质的测量（即脂肪、水、骨矿物质和其他物质）。可测量的组分是体重、身体体积、身体总水量和骨矿物质。体重用体重计测量。身体体积通过水下称重法、空气置换法或体内中子活化（In Vivo Neutron Activation，IVNA）分析法来测量。身体总水量通过氚稀释法或氘水稀释法获得，而骨矿物质则通过双能 X 射线吸收法获得。相应的公式如下：

$$体重=脂肪重量+身体总水量+骨矿物质+剩余重量 \qquad (2.11)$$

根据四组分模型预测身体成分（尤其是脂肪重量）的公式也被推导出来[18]。近来，研究者还针对儿童和青少年及去脂软组织改进了估算值[19,20]。

在四组分模型中，我们可以测量体重、身体总水量、总蛋白（TBPro=TBN×6.25）和总骨灰分（TBA=总体钙/0.34）获得脂肪、水、蛋白和骨灰分四种组分进而估算脂肪重量。

相应的公式如下：

$$脂肪重量 = 体重 - （身体总水量 + 总蛋白 + 总骨灰分）\qquad（2.12）$$

与其他模型和测量技术相比，四组分模型在对青春期人群身体成分的测量方面具有显著的优势，因为随着组织的成熟，不太稳定的模型中的假设可能会被打破[14,18]。四组分模型是验证现场测量方法、新的身体成分测量方法及其他实验室方法的一个很好的参考方法。

实践启示

与其他实验室方法相比，四组分模型具有极大的优势，因为它综合了几种低误差方法的优点，能够全面且准确地评估身体成分。然而，需要强调的是，一个合适的四组分模型是利用实验室方法来测量这四个组分的。一些实验室越来越倾向于使用现场评估方法来测量上述组分。这样做会增加误差，降低总体精度。因此，四组分模型应遵循密度测定法（用于测量身体体积）、双能 X 射线吸收法（用于测量骨矿物质）和氚稀释法或氘水稀释法（用于测量身体总水量）等实验室方法的标准化方案。这样可以确保身体脂肪估算的总体精度，使误差率最低。

（四）五组分模型

四组分模型被进一步发展成五组分模型，该模型由水、蛋白质、矿物质、糖原和脂肪组成，用于测量健康人群和患病个体的身体成分[15]。在应用该模型时，中子活化分析法用于测量总蛋白，氚稀释法用于测量身体总水量。全身矿物质和总蛋白通过假设与身体总水量的恒定关系进行估算。这四个成分的总和就是去脂体重。脂肪通过体重和去脂体重的差值获得。与两组分模型、三组分模型和四组分模型相比，该模型的优点是可以直接测量总蛋白，缺点是人体的矿物质和糖原无法通过直接测量获得。

（五）六组分模型

为了寻找一种可以用于活体测试的更精确的方法，研究者提出了身体成分六组分模型[5]。在这个模型中，人体由水、蛋白质、糖原、骨矿物质、非骨矿物质和脂肪组成。采用中子活化分析法测量人体总氮、总钙、总氯、总钠、总碳；通过总体钾–40计数来测量全身钾含量；用氚稀释法测量身体总水量。模型中各组分均通过直接测量获得，它们占体重的97.5%以上。与四组分模型和五组分模型相比，该模型的优势在于，人体全身脂肪量是通过直接测量总碳获得，而不是通过计算体重与被测组分之间的差异获得。通过六组分模型计算得到的体重与实际体重高度相关。通过测量获得的身体密度与六组分模型计算得到的身体密度也有很强的相关性。上述发现表明，这种方法是非常准确的[5]。对该方法稍作修改后，相关人员将全身脂肪量的六组分模型估算值与其他16种实验室方法和现场测量方法的估算值进行了比较[20]。六组分模型的估算值与三组分模型、四组分模型（包括身体总水量的测量）的估算值有很高的一致性，与基于三组分模型的双能X射线吸收法的估算值和使用两组分模型的水下称重法的估算值的一致性稍差。六组分模型似乎是测量活体身体成分最准确的方法，然而，对合适的测量技术的需求限制了它的适用性。

三、总体钾计数法和中子活化分析法

总体钾（Total Body Potassium，TBK）计数法和中子活化分析法（Neutron Activation Analysis，NAA）可用于前述的原子和多组分身体成分模型中构成要素的测量。钾只分布于去脂体重中，而且大部分在骨骼肌中。利用全身计数器从活体内测得的总体钾可被用来估算体细胞重（肌肉、内脏器官、血液和大脑的细胞成分）、去脂体重或骨骼肌重量[21]。

在中子活化分析或体内中子活化分析中，外源性快中子束会射向人体。该过程激发了体内的原子，并且由于体内特殊元素的天然放射性同位素衰变，会发出更多的伽马射线。伽马射线可由全身计数器检测。根据伽马射线的能级可以确定起源元素。每个元素都有一个标志性的能量。当前可以在活体内测量的元素是钾、钙、钠、氯、磷、氮、氢、氧、碳、镉、汞、铁、碘、铝、硼、锂和硅。为了准确测量上述元素，每名被测者都要脱去外套、摘掉珠宝饰物（包括手表）和眼镜，减少测量误差[22]。

用于检测伽马射线发射的全身计数器的数量曾经很多，但现存的全身计数器数量很有限（不足 6 台）。因为为总体钾计数或中子活化分析建造一个特殊的屏蔽室并给以适当的配备，目前的成本依然很高（约 30 万美元），尤其是还要考虑替代技术的获得和成本。但是，了解总体钾计数法和中子活化分析法对于解读对身体成分进行了直接评估的历史文献很重要。此外，我们可以在现有设施中使用灵敏的高能伽马射线探测器进行测量，还可以屏蔽本底辐射，执行良好的质量控制程序（如常模检测）。

四、影像学方法

影像学方法，如计算机断层扫描和磁共振成像，是目前活体测量身体成分准确性最高的参考方法。虽然测试成本较高，但它是验证其他方法所必需的。计算机断层扫描和磁共振成像具有不同的技术和优势。

（一）磁共振成像

磁共振成像（MRI）是一种在活体上从组织－系统水平测量身体成分的方法[23]。组织－系统水平包括骨骼肌、脂肪组织、骨骼、血液和器官/器官系统（图 2.1）。

图 2.1　组织－系统水平分析

MRI 应用氢元素（H）测量身体成分，它是在所有生物组织中大量存在的最丰富的未结合元素之一[23]。氢原子核（质子）具有取向磁场的高亲和力，能沿 MRI 扫描仪产生的强磁场方向重新排列定向[23,24]。磁场取向后，射频脉冲场就会作用于氢质子。大量的氢质子（可能不是全部）会从中吸收能量，一旦射频脉冲停止，氢质子将恢复原始状态（这个过程被称为弛豫）并释放吸收的能量。通过控制射频脉冲利用每个拟测定组织不同的弛豫时间（T1），可以获取不同组织的图像[23]。通过对瘦体组织和脂肪组织/脂肪应用不同的弛豫时间，MRI 可以区分和测量这两种组织。通过控制射频脉冲的时间间隔和探测氢质子内感应信号的时间（这个时间被称为回波），可以提高组织对比度。磁化、射频脉冲激发质子、测量感应信号的整个过程通常被称为脉冲序列或自旋回波序列[24]。各种组织的信号强度是不同弛豫时间的结果，可以区分瘦体组织、脂肪组织/脂肪和其他组织。在 MRI 图像中，弛豫时间较短的组织显示的颜色较浅，而弛豫时间较长的组织显示的颜色较深。弛豫时间是氢质子排列的过程，在脂肪组织和瘦体组织中是不同的。因此，在弛豫加权像中，脂肪组织的信号强，因而亮度也大于瘦体组织和器官。

为评估身体成分而进行全身扫描时，身体被分为四肢和腹部（图 2.2）。四肢可进一步分为下肢（腿部）和上肢（臂部）。获取横断面（轴向）"层"时，层的数量取决于层的厚度和层间距。全身扫描的时长取决于上述两项方案的设置。层数越多，精度和准确性越高，但扫描时间也会增加。一般情况下，全身扫描大约需要 30 分钟，不同扫描仪间略有差异。

MRI 是验证双能 X 射线吸收法、生物电阻抗法、皮褶厚度法和人体测量法对活体中瘦体组织和脂肪组织测量结果的参考方法。MRI 的测量结果需要通过直接测量人类尸体和动物尸体组织的方法进行验证。下文简要介绍了关于身体成分（横截面积、脂肪组织和肌肉组织）最常用的 MRI 验证研究。

恩斯特龙（Engstrom）等人[25]应用 MRI 对大腿部（长度为 40cm）以 10mm 的层厚度连续截取图像，确定了 3 具男性尸体的大腿横截面积。MRI 图像分析获得的横截面积与通过测量解剖后的尸体获得的横截面积差异在 7.5% 以内。阿巴特（Abate）等人[26]通过对未防腐的尸体（2 男 1 女）进行 MRI 扫描，然后解剖尸体，切除脂肪组织并称重，来验证 MRI 对脂肪组织的测量结果。两种方法获得的结果之间的差异很小，无临床意义（差异：0.076kg；95%可信区间：0.005～0.147kg）。

米西奥普洛斯（Mitsiopoulos）等人[27]完成了 MRI 应用于肌肉测量的验证。研究人员对手臂和腿部的横截面积进行了多次 MRI 测量，然后测量了尸体上的相应部位。MRI 测量值和尸体的四肢肌肉测量值之间的相关系数趋于一致，表明两次测量值的差值基本上为零。随后，胡等人[28]对 4 只猪的尸体解剖后立即切除的 97 个猪器官、肌肉、脂肪和瘦体组织样本进行了多次 MRI 扫描，并通过化学分析验证了上述测量结果。MRI 和化学分析的平均差值几乎为 0。这些研究确立了 MRI 用于评估身体成分（如脂肪和肌肉）时的精度和准确性。MRI 没有被作为骨骼测量的参考方法是因为骨骼缺乏 MRI 技术所需的大量氢原子。

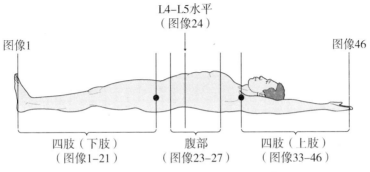

方案（腹部）
T1加权自旋回波脉冲序列
每幅图像：10mm厚，40mm间距
重复时间：210ms；回波时间：17ms；
1/2 激励次数
视野：48cm×36cm（矩形）
矩阵：256×256
每次采集：7幅图像
时间：26（屏息）

方案（四肢）
T1加权自旋回波脉冲序列
每幅图像：10mm厚，40mm间距
重复时间：210ms；回波时间：17ms；1/2 激励次数
视野：48cm×36cm（矩形）或48cm×24cm（1/2）
矩阵：256×256
每次采集：7幅图像

通过序列扫描采集图像
1. 矢状面定位L4–L5水平和右侧股骨头
2. L4–L5水平以下（腹部方案）
3. 股骨头以下（四肢方案，矩形视野）
4. 股骨头以下35cm（四肢方案，1/2 视野）
5. 股骨头以下70cm（四肢方案，1/2 视野）
6. 矢状面定位L4–L5水平
7. 冠状面定位右侧肱骨头
8. L4–L5水平以上（腹部方案）
9. L4–L5水平以上35cm（四肢方案，矩形视野）
10. 肱骨头以上（四肢方案，矩形视野）
11. 肱骨头以上35cm（四肢方案）

注意：系列2和系列9的部分图像被舍去，因为它们分别与系列3和系列10中的图像重叠。

图 2.2　MRI 测量身体成分时常用的扫描方案，具体设置可能会因 MRI 扫描仪的不同而有所差别

值得注意的是，MRI 不像双能 X 射线吸收法、计算机断层扫描或 X 射线那样使用电离辐射[23]，因此人体没有暴露于辐射源的危险。然而，MRI 的使用受到以下因素的限制：扫描的高成本、受过专业训练的操作人员少、个体有幽闭恐惧症发作的风险及由于扫描仪的常规内径尺寸而无法测量体型较大的个体。此外，使用金属植入物、金属支架或无法摘除金属饰品的人不能采用 MRI 技术进行测量。

（二）计算机断层扫描

在计算机断层扫描（CT）中，X 射线管和接收器均围绕身体垂直旋转。拟测定区域可以以类似图 2.2 所示的方式进行选择。进行扫描时，X 射线管发射的电离辐射在穿透人体后被接收器捕获，在穿透组织的过程中，X 射线会衰减。X 射线的衰减程度依不同组织的特性（相对于空气和水）而有所不同，从衰减的 X 射线生成的每个像素就是特定的亨斯菲尔德单位（Hounsfield Units，HUs），可以此为每个断层图像重建灰度图像。为了分析特定图像的面积，测量人员可以通过描绘目标组织的周长，或者通过软件设置 HUs 范围的参数来识别组织。在以任何一种方式选择了面积之后，面积（单位为 cm²）将通过像素数量乘以像素表面积来计算获得。此外，还可以通过合并连续断层图像来计算组织的体积。推荐使用沈（Shen）等人[29]的双柱模型来计算组织体积（V，单位为 cm³），其中 t 为每幅图像或片层的厚度，h 为层间距，A_i 为组织面积（单位为 cm²），公式如下：

$$V = (t + h)\sum_{i=1}^{N} A_i \tag{2.13}$$

由于个体间组织密度的相对同质性，可以使用 0.90g/cm³ 和 1.06g/cm³ 分别作为脂肪组织和骨骼肌密度的常数来计算组织密度[4,30,31]。骨骼肌脂质含量也可以通过估算获得，但不能与活检得到的肌肉内或肌肉外脂肪含量混淆。在 CT 中，低密度骨骼肌像素数量越多，骨骼肌脂质含量就越高。上述估算已在成人和青少年中得到验证[32-35]。通过图像与人类尸体的直接测量值的比较，各种组织的准确性和可重复性得以确定，且根据组织的不同，相关系数从 0.79～0.99 不等[23]。

CT 的测量精度高，且相对来说比 MRI 更普遍，但是 CT 的使用也有局限性，因为受测者会大量暴露于电离辐射限制了 CT 在身体成分研究中的广泛使用。CT 机体积相当大，需要足够的空间来容纳。此外，要想准确评估组织成分需要测量人员拥有较高的技术水平。

五、总结

本章介绍了身体成分的五个层次及最常见的身体成分评估模型。CT、MRI、体内中子活化分析法和多组分模型是精确评估身体成分的主要参考方法或金标准。体内中子活化分析法在美国已不被广泛使用。CT 和 MRI 可能因成本过高而无法用于日常测量，但可以用于验证其他评估身体成分的新方法。重要的是，用 CT 和体内中子活化分析法测量身体成分时，个体会受到大量辐射，而 MRI 不涉及辐射。双能 X 射线吸收法[36,37]作为 MRI 和 CT 的替代方法已通过验证，该方法辐射剂量低或无辐射，并且成本较低[22]。

（张培珍主译）

第三章　身体成分的实验室评估方法

罗伯特·M. 布鲁，硕士（Robert M. Blew，MS）

路易斯·B. 萨丁哈，博士（Luis B. Sardinha，PhD）

劳里·A. 米利肯，博士，美国运动医学学会资深会员（Laurie A. Milliken，PhD，FACSM）

学习目标

通过本章的学习，你将掌握以下内容：

- 五种身体成分实验室评估方法的理论基础
- 每种身体成分实验室评估方法的优点和局限性
- 使用标准化方案测量时每种方法的精度、准确性和客观性在本章中，我们将介绍评估身体成分的主要实验室方法：密度测定法、身体总水量法、总体钾计数法、双能 X 射线吸收法及超声法。每一种都是评估身体成分的客观方法，在体脂百分比的测量准确度方面预测误差为 2%～3%（2 级）。每一种实验室方法都有充足的理论基础，但是某些假设使它们的准确性受限，在采用两组分模型时可将其用作参考方法。

一、密度测定法

密度测定法是指那些使用总体密度来预测身体成分的测量方法。它的原理是任意给定对象的总体密度取决于其各个组成部分的百分比和密度。也就是说，物质的密度等于其质量与体积之比（公式 3.1）：

$$密度 = 质量/体积 \tag{3.1}$$

为了确定人体密度（Density of the Human Body，D_b），可以使用高精度体重计测量个体的体重。然而，身体体积的测定需要较为复杂的测量方法，因此，各种用于评估体积的方法都属于密度测定法的范畴。

在经典的身体成分两组分模型中，人体的重量可以分为两种成分：脂肪重量和去脂体重。脂肪重量由同质的成分组成，它包括所有类型的脂肪（棕色脂肪、白色脂肪、皮下脂肪及内脏等），而去脂体重由不同质的所有非脂肪物质组成，包括水、蛋白质和矿物质。该模型假设脂肪密度为 0.90g/cm³，去脂体重密度为 1.10g/cm³，而且无论被测者的年龄、性别、基因或健康状况如何，它们在个体中都是恒定的。上述密度值来自早期对动物尸体的研究和对 3 具年龄分别为 25 岁、35 岁和 46 岁的男性尸体的分析[1,2]。然而，正是基于这些数值，对活体的身体成分进行研究成为可能，并可以根据身体密度（D_b）计算出体脂百分比（体脂%）。最简单和最常用的两个公式来自西丽[3]和布罗泽克[1]。

西丽： $体脂\% = [(4.95/D_b) - 4.50] \times 100$ (3.2)

布罗泽克： $体脂\% = [(4.570/D_b) - 4.142] \times 100$ (3.3)

西丽的公式的推导过程如下：

$$\frac{1}{D_b} = \frac{f}{f_d} + \frac{ffm}{ffm_d} \tag{3.4}$$

假设脂肪密度为 0.90g/cm³，去脂体重密度（ffm_d）为 1.10g/cm³，f=脂肪重量/体重，ffm=去脂体重/体重，便可以从 f 推导获得公式 3.2。

实践启示

　　实验室方法不是参考方法或金标准。参考方法是与新方法进行比较以验证新方法准确性的方法。尽管实验室方法比现场测量方法等成本较低的方法具有更高的准确性，但它们的误差不够小，不能作为验证新方法的金标准。研究人员应当将多组分模型（由实验室方法构成）作为金标准来进行体脂百分比的研究，以尽可能降低误差率，并确保体脂百分比的标准不会因人群而异。如果将实验室方法作为金标准，分析中将引入更多的误差，这会增加验证新方法时的误差。实验室方法的准确度是 2%～3%，而参考方法的准确度是 1%～2%。

　　显然，因为这些公式是建立在身体密度基础上的，所以它们的有效性取决于被测者身体成分比例和密度的假设是正确的。然而，构成人体脂肪的成分（如甘油酯、固醇、磷脂和糖脂）不如其他元素稳定，这可能导致不同个体间脂肪密度水平不同，甚至在同一个体中随着时间推移脂肪密度也会发生变化[4]。更重要的是，由于与生长发育和成熟、衰老、专业训练相关的身体成分和密度的变化以及性别和种族不同，去脂体重成分的密度存在显著差异。即使在同一人种中，个体之间也可能存在相当大的差异。洛曼[5]探讨了对去脂体重密度变化的估算。

（一）根据身体密度估算身体脂肪

　　在一般人群中，西丽[3]推测去脂体重中水分和矿物质含量的生物学变化限制了密度测定法估算身体脂肪的准确性，估计标准误为 3.5%[5]。根据进一步估算，在同质群体（如年轻人）中，估计标准误可能接近 2.7%（表 3.1），这使身体密度法可以作为在水分和矿物质含量已知的特殊人群中验证新方法的标准方法。早期的同质群体研究已成功将水下称重法作为双能 X 射线吸收法验证研究的参考方法[6,7]。

　　除了生物变异外，水下称重法和空气置换法等最常用的评估身体体积的方法都有其内在变异的技术来源。在本章的后续部分我们将对此进行介绍，以便读者更好地理解所有密度测定技术的优点和局限性。戈因（Going）[8]的综述对密度测定法进行了很好的总结。

表3.1　与参考身体成分密度的生物变异相关的标准差（SD）

项目	一般人群[1]		特殊人群[2]	
体脂百分比和密度的变异来源	体脂百分比/%	密度/（g/cm³）	体脂百分比/%	密度/（g/cm³）
含水量	2.70	0.0057	1.90	0.0040
蛋白质/矿物质比	2.10	0.0046	1.50	0.0033
脂肪组织的平均脂肪含量	1.80	0.0039	1.30	0.0028
脂肪组织的密度	0.50	0.0011	0.35	0.0008
参考人的平均脂肪含量	0.50	0.0011	0.35	0.0008
总体	3.80	0.0084	2.70	0.0060

[1] 使用西丽[3]提出的变异构成估计，由基斯（Keys）和布罗泽克总结[2]。

[2] 对特殊人群进行估算，假设每种来源是一般人群变异的一半。

资料来源：经许可转载自 T.G. Lohman，"Skinfolds and Body Density and Their Relation to Body Fatness：A Review，" Human Biology 53，no. 2（1981）：181－225.

实践启示

为了使两组分模型良好运行，需要确保脂肪密度等于 0.90g/cm³，去脂体重密度等于 1.10g/cm³ 这一假设是准确的。上述参考值的变异（表3.1）将导致两组分模型中体脂百分比的更大误差。当测量脂肪和去脂体重密度与参考值没有差异的人群时，用两组分模型预测体脂百分比时估计标准误较低，但在某些人群中上述密度发生了变化，误差将高达 2%～6%。大多数情况下，不同人群的去脂体重成分会有所不同。例如，老年人群的骨密度较低。去脂体重的水分含量在不同人群（老年人和儿童）和不同时间段（如体重减轻和脱水时）会有所不同。在这些情况下，与两组分模型相关的估计标准误将会增大。

（二）水下称重法

水下称重法长期以来被认为是身体成分评估的金标准。尽管更新的、更先进技术的出现可能凸显它的局限性，但由于其基本原理，它在精度和准确性上仍然适用于大多数群体。但是它不再被归类为金标准[9]。理想情况下，水下称重法是在实验室环境下，在专门设计的水下称重浴缸或水箱中进行的。这种水箱一般由红木、不锈钢或有机玻璃制成，并且足够大，可以让身材高大的成年人完全浸入水中而且不会触碰到水箱的侧面。通常情况下，悬挂在弹簧式体重计上或放置于力传感器平台上的椅子组件位于水箱中央，以便被测者采用坐、跪或俯卧姿势。当个体完全浸没在水中时，体重计或力传感器将对其进行测量以获得水下重量的数据。

水下称重法基于阿基米德定律评估身体体积，该定律认为，浸没在液体中的物体所受到的浮力等于该物体排开液体的重量。当一个人浸没在水中时，身体体积（$V_{身体}$）等于陆地上的体重（$W_{陆}$）和水下的体重（$W_{水}$）之间的差值，并根据水的密度（$D_{水}$）进行校正，其由浸没在水中时的温度决定（公式 3.5）。身体体积和体重被用于计算身体密度（公式 3.1）和体脂百分比（公式 3.2 或公式 3.3）。

$$V_{身体}＝（W_{陆}－W_{水}）/D_{水} \tag{3.5}$$

然而，测量时体内的空气或气体，特别是胃肠道中的气体、肺部的空气和衣服所夹带的空气，都会虚增被测者的体积，因此有必要对这些因素进行校正。尽管胃肠道中气体的体积可能会有所差异，但巴斯柯克（Buskirk）[10]提出 100mL 气体可以作为胃肠道中气体体积的较好估算值。然而，肺部的空气量较大，而且在个体间可能会有较大的差异，这会显著影响对全身体积的评估。尽管被测者应在接受测量前用力呼出肺内的所有空气，但仍会有一些空气残留，被称为残气量（Residual Volume，RV）。结合残气量和胃肠道气体体积，可以计算身体密度（Body Density，D_b）（公式 3.6）。

$$D_b＝W_{陆}/[V_{身体}－（RV+0.100）] \tag{3.6}$$

在身高较高的个体中，残气量预计可占其总体积中的 2L，如果不考虑这一因素，将产生非常不准确的结果。因此，准确评估个体的残气量是至关重要的。最简单的方法是根据体型、年龄和性别推测残气量，但是即使这三个方面都相同的个体其残气量也可能有很大差别。因此，最好在水下称重时进行残气量的测量。

测量残气量通常有两种方法。一种是闭式环路法，涉及惰性指示气体（如氮气、氧气或氦气）的稀释和最终平衡。在此方法（如氧气稀释）中，个体通过肺活量计吸入和呼出含有已知浓度和体积的氧气，直到肺和肺活量计中的氮气浓度达到平衡[11]。使用氮气分析仪测量呼出气中的氮气浓度。在最大呼气后评估初始氮气浓度，该值被视为初始肺泡氮浓度（Initial-alveolar Nitrogen Concentration，AN_{init}）。接下来，被测者用肺活量计以 2/3 的肺活量进行 5～8 次呼吸，直到氮气浓度达到平衡（N_{equil}）。取最大吸气量和呼气量，随后再次测量氮气浓度，并记录为终末肺泡浓度（Final Alveolar Concentration，AN_{final}）。然后，可以将这些值代入公式，该公式包括肺活量计中的氧气量（Volume of Oxygen，Vol_{O_2}）、Vol_{O_2} 中的氮气杂质（Nitrogen Impurity，N_{init}）、系统中的无效腔（Dead Space，DS）体积及周围气压、体温和肺活量计温度（BTPS）的校正系数，最终获得残气量。

$$RV = \left[\frac{Vol_{O_2}(N_{equil} - N_{init})}{AN_{init} - AN_{final}} - DS \right] \times BTPS \qquad (3.7)$$

另一种方法是开式环路法，即在有氧呼吸的固定时间内，将氮气从肺部排出。它是在水下称重时同时进行残气量测量的首选方法，因为它测量速度快且容易实施。软管在水下称重水箱内的部分连接到口嘴上，以便被测者能在水中进行重复呼吸。软管在水箱外的部分与呼吸阀连接，该呼吸阀的接口可在室内空气、肺活量计或者 5L 的氧气袋之间进行切换。被测者完全浸没水中，并通过软管进行最大限度的呼气（呼出到室内），由此获得水下重量。然后将阀门切换到氧气袋或肺活量计，开始呼吸直至达到氮气平衡。

这两种方法都可以精确测量残气量，而且通过适当的设备和程序修改，可以在水下称重时同时测量残气量（首选）或在水下称重前在水箱外测量残气量，但是，残气量是导致身体密度测量误差的最重要因素。根据误差传播定律，埃克斯（Akers）和巴斯柯克[12]研究了体重、水下重量、水温和残气量的变化对身体密度的影响。结果表明，残气量是变异的主要来源，其 0.1L 的变化就能导致 0.5% 以上的身体脂肪变化，而所有变异源相加仅引起 0.8% 的变化[12]。身体密度在 0.0015～0.0020g/cm³ 之间的变化是一天内观察到的个体内试验间的典型变化[13]。身体密度为 0.0030g/cm³[14]时，男性脂肪含量为 1.1%，女性脂肪含量为 1.2%，在数天内重复评估时技术误差稍大一些。不同日间误差的增加可能是体内水分的波动和胃肠道气体的变化所致[13]。被测者在测量前摄入食物或最近摄入碳酸饮料可使身体脂肪的估算值变化高达1%[15,16]。身体水分的变化也有类似的影响，脱水或水分过多会导致身体脂肪误差高达2%[16,17]。此外，根据身高和体重估算残气量而不是通过测量获得会额外增加0.0030g/cm³的误差，并且不符合密度测定法作为实验室方法的测量标准[18]。如同第二章所述，去脂体重成分的生物学变异会随着生长发育、成熟、衰老以及专业训练而变化，这打破了脂肪重量和去脂体重密度恒定的基本假设。尽管如此，基于其精度、准确性及相对承受能力，可直接测量残气量的水下称重法仍是一种很好的实验室方法，可用于测量身体体积进而评估身体成分。

（三）空气置换法

水下测试的不便加上许多人在呼气后无法完全浸没水中，无论是因为其健康状况还是仅仅因为怕水，都会使通过水下称重进行准确的身体体积测量变得困难甚至不切实际。另一种可消除浸入水中这一特殊挑战的密度测定法是空气置换法。与水下称重的原理相似，空气置换法的理论基础是在一个特殊的密闭房间内，放置物体后排出的空气量等于该物体的体积。因此，一个人的身体体积可以通过其坐在一个密闭房间里排出的空气体积来获得。身体体积是通过密闭房间空着时候的气体体积减去人进入后房间剩余气体体积来间接计算的。

虽然理论上这很简单，但早期使用空气置换法进行身体成分评估的尝试被证明是无效的。温度、压力和湿度变化等都会导致明显的体积误差，进而导致更大的身体脂肪估算误差[19,20]。20世纪80年代中期，研究者通过对其进行改进使空气置换法能够在等温和绝热（没有热量的增加或减少）条件下进行。将测量结果与水下称重法进行比较发现，尽管获得的结果可比性较好（R^2=0.93；SEE=6.7%）[21]，但该项技术目前的不实用性使其广泛应用仍是不现实的。

登普斯特（Dempster）、艾特肯斯（Aitkens）[22]及麦克罗里（McCrory）等人[23]的研究使通过空气置换法对身体体积进行更准确的评估取得了突破，他们开发的新方法可以使空气置换法可靠有效地估算身体体积和密度。当前最先进的BOD POD系统（图3.1）已经克服了以前的许多技术问题，并显示出了更高的精度和准确性[24,25]。

空气置换法的物理原理主要是玻意耳定律（Boyle's Law），如果温度保持不变，则压力（Pressure，P）和体积（Volume，V）成反比（公式 3.8）：

$$\frac{P_1}{P_2} = \frac{V_2}{V_1} \qquad (3.8)$$

因此，压缩空气的量会随着压力的增加而成比例地减少。然而，在绝热条件下，空气的温度不会随着其体积和分子动能的变化而变化，从而保持稳定。因此，压力和体积之间的关系变化在绝热条件下符合泊松定律（Poisson's Law）。

$$\frac{P_1}{P_2} = \left(\frac{V_2}{V_1}\right)\gamma \qquad (3.9)$$

公式 3.9 中，γ 是恒定压力和恒定体积下气体的比热容比[26]。因此，对于给定的体积与气体体积变化，在等温条件下观察到的压力变化要小于绝热条件下。早期的空气置换技术并未考虑这一差异，因此体积测量出现显著误差是常事。新研制的BOD POD 系统根据泊松定律来测量身体体积，因此可以校正这一潜在的测量误差。

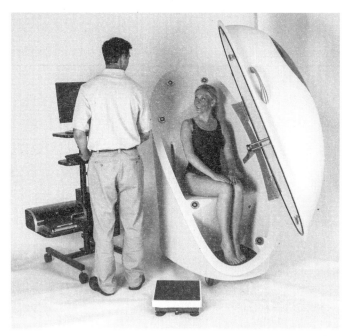

图 3.1　被测者坐在 BOD POD 测试舱中

资料来源：图片由 COSMED USA，Inc‒Concord，CA. 提供。

登普斯特和艾特肯斯[22]率先介绍了 BOD POD 系统，它由一个包含两个舱的单一结构组成，两个舱由玻璃纤维制成的座位隔开。被测者通过电磁式密封门进入后，坐在与参考舱（约 300L）相对的测试舱（约 450L）中（图 3.2）。在两舱之间的前壁上有一个计算机控制的隔板，通过振动在两个舱中产生大小相等但符号相反的较小的正弦扰动和压力扰动。傅立叶系数（Fourier Coefficients）用于计算振动频率下的压力振幅。由于扰动相对于测试舱的环境压力较小，因此泊松定律指出，测试舱和参考舱的体积比等于它们的压力振幅比。通过使用空气循环系统将两个舱之间的空气混合，气体成分及压力-体积关系中的 γ 保持恒定。因为添加到一个舱的任何空气都要从另一个舱减去，所以对扰动的相等性没有影响。此外，采用正弦扰动和傅立叶系数，基本上消除了测量期间温度变化的影响。

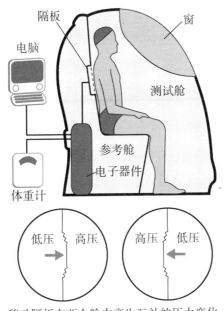

图 3.2　BOD POD 系统的内部结构示意图

资料来源：图片由 COSMED USA，Inc-Concord，CA.提供。

在对某个人进行测量时，当这个人进入测试舱后，人体和肺部的空气都将保持恒定的温度。然而，因为皮肤周围的空气、衣服和头发里夹带的空气的存在，所以测试条件不是绝热的。因此，被测者在测试过程中必须穿着泳衣，戴着泳帽，以最大限度地减少与衣服和头发中夹带空气有关的误差。可以将常数 k 应用于杜布瓦公式（Dubois Formula，1916）来估算人体表面积（Body Surface Area，BSA），以确定皮肤表面积对人体总体积的负体积效应，其中：

$$BSA（cm^2）=71.84 \times 体重（kg）^{0.425} \times 身高（cm）^{0.725} \qquad (3.10)$$

并且：

$$表面积伪影（L）=k（单位为 L/cm^2）\times BSA \qquad (3.11)$$

还需要通过一个与肺功能测试中胸腔气体量（Thoracic Gas Volume，V_{TG}）体积的测量非常相似的步骤来完成肺和胸腔中空气体积，即 V_{TG} 的校正[27]。在测量身体体积的过程中，被测者戴着鼻夹，通过管子正常呼吸。正常呼吸 2～3 次后，管子在呼气中期被阻塞 3 秒。此时，在测量气道压力的同时，被测者通过交替收缩和放松膈肌，轻轻地向阻塞处吹气，从而获得与测试舱中气体接触后的呼出气体量的值。通过比较舱内压力和气道压力的变化程度，研究者可以用特定的方法完成 V_{TG} 的计算[25]。

"优值"和气道压力这两个变量用于确保此程序的正确执行。优值（详见登普斯特和艾特肯斯[22]的描述）用于检查在测试舱内和呼吸道中测得的定标压力与转换压力之间的一致性程度，值越小说明一致性越高。该值高于 1.0 可能是因为口嘴密封处有漏气、鼻夹夹得不合适、脸颊较胖或腹肌收缩[25]。此外，还应评估气道压力，以确保其不会过高（≥35cm 水柱），压力太高提示声门关闭或肺泡明显受压。

一旦获得未校正的身体体积（Uncorrected Body Volume，V_{UC}）、表面积伪影（Surface Area Artifact，SAA）和 V_{TG}，校正后的身体体积可采用下面的公式计算：

$$身体体积（L）=V_{UC}（L）- SAA（L）- 40\%V_{TG}（L） \qquad (3.12)$$

其中，由于等温空气体积与绝热体积中的压缩系数，V_{TG} 已被校正了 40%。可以在公式 3.1 中使用此校正后的身体体积和体重（使用高精度仪器测量获得）来计算总的身体密度。然后，总的身体密度可用于适当的体脂百分比公式（西丽或布罗泽克），或作为多组分模型的一部分。

尽管 BOD POD 系统用于测量无生命物体的精度和准确性很高[22,28]，但事实证明它对人体体脂百分比的估算不太准确。早期对 BOD POD 系统的可靠性和准确性[24,25]的研究，以及最近对大型、非均质性样本[29,30]的研究，都获得了很好的结果。菲尔茨（Fields）等人[25]总结了 BOD POD 系统估算的体脂百分比和通过水下称重法估算的体脂百分比的估计标准误，成人和儿童的估计标准误为 2%～3%。与水下称重法直接比较，BOD POD 系统的日内重测信度在一些研究中是相似的，但在另一些研究中却不是。例如，在一项研究中，两种方法都显示出体脂有 2% 的变异系数[23]，而在另一项研究中，两种方法都显示出体脂有 4% 的变异系数[31]。

关于空气置换法的有效性，已发表的研究一致认为空气置换法是一种有效的技术，可用于许多人群，包括儿童、老年人、肥胖者和运动员[32]。然而，研究之间的差异反映出此方法缺乏标准化程序和对技术因素的精确控制。将 BOD POD 系统与多组分模型进行比较并不是检验该方法准确性的有效方法，因为两种方法所计算得到的身体密度值是相同的。

总之，水下称重法和空气置换法的密度测量技术都是评估身体成分的有用的实验室方法，但它们均受限于基于去脂体重密度恒定假设的两组分模型。使用双能 X 射线吸收法作为标准变量，在菲尔茨等人[25]和戈因[8]的几项研究中显示出了一致性。在不满足上述假设的个体或群体中，首选的方法是将这些技术与其他方法结合使用，并将其纳入多组分模型。当其他方法不可用时，必须了解不同的变异源如何影响身体成分，然后仔细解释结果。

二、身体总水量法

水是人体中含量最多的成分，身体水分占身体重量的 55%～60%[33]。因为水多以相对恒定的量存在于人体内的无脂肪组织中，因此科研人员将对身体水分的评估作为一种身体成分评估方法已经有将近 100 年的历史了。与其他分子成分不同，水由单个分子（H_2O）组成，这简化了测量方法。水作为一种单一的分子物质，特点是可以利用稀释原理，它以最简单的形式表示该组分的体积等于添加到该组分中的同位素量除以该组分中同位素的浓度[34,35]。

1915 年，当红色染料用于测量血浆容量时，稀释原理首次被用于身体成分[36]的研究。研究人员证实，混合后染料的浓度不是恒定的，因为它从血浆中"消失"了。利用数学方法，研究人员对首次稀释染料的血浆容量进行了合理的估算。在这项研究之后，研究人员使用相同的原理，将示踪剂通过静脉注射进体内且使其均匀分布，通过达到平衡时的稀释度来测量身体成分。因此，放射性同位素和稳定同位素都被用来测量人体的钾和钠[35]。

佩斯（Pace）等人[37]首先将氚水作为同位素用于测量身体总水量。使用氢的放射性同位素氚（^3H）的主要优点是它容易获得，而且很容易通过闪烁计数进行测定。但由于为获得足够的精度必须使用大量的氚水，在限制使用放射性核素的情况下，研究人员目前已不再使用氚水[38]。

目前，属于非放射性稳定同位素的氘（^2H）和氧–18（^{18}O）是用于测量身体总水量的最常用同位素。氧–18 的优点是其稀释空间更接近身体总水量，但只能通过同位素比质谱法进行充分测量，而且氧–18 标记水的成本大约是氘的 15 倍[39]。因此，氘是估算身体总水量最常用的同位素，因为它是一种稳定的同位素，易于获得，比氚或氧–18 成本更低且没有放射性暴露[39,40]。氘可以通过红外光谱法测量，但最好还是采用质谱法，因为使用红外光谱法的技术误差较大。

当使用同位素稀释，尤其是氘水时，应从尿液、血液或唾液中收集两份体液样本，一份用于确定氘使用之前的天然本底水平，另一份用于同位素稀释后测定[39,40]。如果已知同位素的量并测量了基线浓度和平衡浓度，则可以计算出同位素被稀释的量[39]。

任何同位素稀释法都有四个基本假设。

（1）同位素只分布在可交换池中。没有一种常用的同位素只分布在水中，但是示踪剂与非水分子的交换很少，因此，尽管比水池稍大，同位素的分布量或稀释空间还是可以测定的[34]。成年人中氘与非水分子的交换率以 4.2%估算[41]。

（2）同位素在池中分布均匀。同位素示踪剂与身体水分相同，只是分子量不同，这可能导致同位素分馏。同位素分馏现象解释了同位素的相对丰度和随后同位素在体内的重新分布[39]。从血浆、尿液和汗液中采集的样本不显示分馏，而从水蒸气中采集的样本则显示分馏[39]。

（3）同位素达到平衡较快。同位素等比例分布在所有体液室中的时间点就是平衡时间[42]。施勒布（Schloerb）等人[43]研究了平衡速率与氧化氘给药途径的函数关系：静脉给药后 2 小时达到平衡，皮下或口服给药后 3 小时达到平衡。黄（Wong）等人[44]证实，无论是血浆、呼出的二氧化碳、呼出的水、唾液还是尿液样本，平衡时间均大约为 3 小时。舍勒（Schoeller）等人[45]检测到在口服同位素 3 小时的身体总水量少于口服同位素 4 小时。结合这些发现，身体总水量的平衡时间被设定为 4 小时[39,42]，但细胞外水室扩张的患者除外，他们需要 5 小时的平衡时间[46,47]。考虑到身体总水量的评估，相对于静脉血浆水，尿液的同位素富集度较低[44]。此外，示踪剂给药后的间歇也很重要。当使用尿液作为生物样本时，建议给药后间隔 3 次采样[44]。

（4）示踪剂在平衡时间内不会被代谢掉。身体水分处于不断流动的状态。在温带气候条件下，成年人身体水分每天的更新率平均为 8%～10%[48]。其中，水的来源包括饮料、食物、燃料氧化过程中产生的代谢水及与大气水分交换的水。这些来源的水与通过尿液、汗液、呼吸或经皮肤蒸发排出的水保持平衡[49]。在评估身体总水量时，这种不断更新推动了两种方法的出现：平台法和回推法（或称斜距法）。对于身体成分的研究，平台法是常用的方法。注入氘水，采集 3～5 小时的样本，然后从富集达到平台或稳定水平前后采集的样本中计算获得身体总水量[50]。

总之，身体总水量是可以准确测量的，但是任何一种方法都不会过于简单。设备成本和技术问题使它成为一种需要相当多的技术才能测量的实验室方法。

（一）依赖于两组分模型

由于水是人体中含量最多的成分[2,51,52]，因此，身体总水量是估算身体成分的有效要素，可通过基于去脂体重的生物学、化学和物理学特性的假设来估算身体成分。比重测定模型的原理是，脂质是疏水性的，因此不含水。因此，身体水分只存在于去脂体重成分中，并在一般人群中以 72%～74%的平均含量保持相对稳定，标准差为 2%～3%。

实践启示

测量含水量有很多理由。尽管使用同位素稀释法进行的身体总水量测量可以提供被测者的体积（L），但仅凭这一点我们并不能得知被测者的水分含量。为了了解水分含量，需要测量去脂体重，因为大部分水都存在于该组分中。在去脂体重的构成中，水分的比例相对稳定（72%～74%），并且可以检测到与此不同的变化。水分含量多少是评估的关键，因为水过多（水含量＞76%）和脱水（水含量＜70%）都会威胁个体的健康。在某些疾病状态下，以及在手术期间和术后恢复期，对身体总水量进行测量是具有临床价值的。

通过身体总水量计算去脂体重依赖去脂体重中的水分含量恒定的假设[39]。佩斯和拉思伯恩（Rathburn）[53]通过对几种哺乳动物的化学分析数据的汇总发现 FFM 中水分含量为 73.2%。事实上，去脂体重水分含量在包括人类在内的健康哺乳动物中是极其稳定的[54,55]，其关系如下（公式 3.13）：

$$去脂体重=身体总水量/0.732 \qquad (3.13)$$

鉴于体重等于脂肪重量和去脂体重的总和，可以通过减法得到脂肪重量（公式 3.14）。

$$脂肪重量=体重-去脂体重 \qquad (3.14)$$

假设健康人群水分含量在 2%～3%（SD），则通过评估身体总水量估算体脂百分比的误差为±3%（SEE）。因此，这种实验室方法不够准确，不能作为参考方法。但是，它通常被作为四组分模型（属于参考方法）的一部分。

1. 精度和准确性

身体总水量的测量精度取决于所用同位素的剂量及所选的分析方法[39]。总的来说，使用质谱法测量身体总水量，特别是高精度的同位素比质谱法，可以检测到非常少量的氘或氧−18，其精度在 1%～2%[39,41,42,56]。

用稀释法估算身体总水量的准确性非常高，除非未能达到平衡，这可能是估算时偏倚的来源。该技术的准确性取决于非水交换的估算值，约为 1%[39]。使用身体总水量估算去脂体重时，尤其是使用两组分比重测定模型时，误差的主要来源会增加，该模型依赖于去脂体重含水量是 73.2%这一常数，但人与人之间体内的含水量会有很大的差异。因此，使用多组分模型有助于提高去脂体重估算的准确性。如果能在测试前 24 小时制订管理身体总水量的方案，将水分含量控制在 72%～73%（SD=1.0），则身体总水量可成为用于估算脂肪和去脂体重的参考方法。

2. 局限性

当使用两组分模型时，一个重要的考虑因素是达到化学成熟度的年龄，这意味着需要知道去脂体重含水量何时达到成年值。化学成熟度的概念最初由莫尔顿（Moulton）提出，并将其定义为"在无脂肪细胞中水、蛋白质和盐的浓度变得相对稳定的点"，即"细胞的化学成熟点"[57]。在生命的前二十年，去脂体重的相对含水量随着身体密度的增加而降低，在儿童时期使用两组分模型时需要考虑这一点。福蒙（Fomon）等人[58]与洛曼[59]提供了有关生长发育过程中去脂体重含水量和密度的信息，韦尔斯（Wells）等人[60]应用密度测定法、比重测定法和双能 X 射线吸收法评估骨矿物质的四组分模型提供了基于大量儿童和青少年样本的参考数据（图 3.3）。

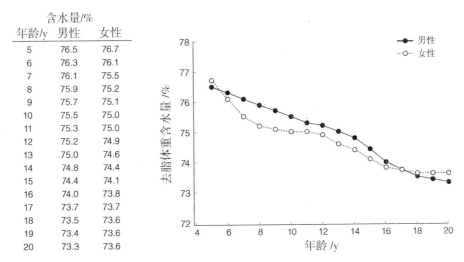

含水量/%		
年龄/y	男性	女性
5	76.5	76.7
6	76.3	76.1
7	76.1	75.5
8	75.9	75.2
9	75.7	75.1
10	75.5	75.0
11	75.3	75.0
12	75.2	74.9
13	75.0	74.6
14	74.8	74.4
15	74.4	74.1
16	74.0	73.8
17	73.7	73.7
18	73.5	73.6
19	73.4	73.6
20	73.3	73.6

图 3.3　儿童时期去脂体重含水量
资料来源：改编自 Wells（2010）。

　　考虑到生长发育这一重要方面，我们要理解儿童和青少年由于尚未达到去脂体重化学成熟度，因而不能使用对应成年水平的常数。另外，儿童体内较高的水分含量会影响通过密度测定法测得的身体成分的准确性。

　　评估身体成分在监测运动成绩和制订训练方案方面也发挥了重要作用[9]。去脂体重密度和化学成分的变化是限制两组分模型准确性的主要因素，包括用于身体成分估算的比重测定模型[3,61,62]。关于运动员的去脂体重密度和成分的变化已有研究报道[63-66]。莫德莱斯基（Modlesky）等人[63]证实，男性举重运动员的去脂体重含水量增加，可能是骨骼肌重量增加所致，因为水分约占骨骼肌的 74%。威瑟斯（Withers）等人[67]对准备参赛的健美运动员的研究也报告了类似的结果。其他研究也证实，去脂体重的成分和密度与运动员的既定值没有差异[68-70]。研究之间缺乏一致性限制了比重测定两组分模型在评估运动员群体身体成分方面的应用。

（二）在四组分模型中的应用

如第二章所述，在分子水平上，去脂体重可分为水、矿物质和蛋白质等几种分子组分[71]。多组分模型通过联立方程式有了进一步的发展，联立方程式中可能包含两个或多个未知组分。通常，对于每个未知组分，必须有一个独立的方程式，其中包括已知组分（如身体总水量）和可测量的组分（如身体体积）[72]。即使水分的微小变化也能产生可测量的体重变化。因此，测定身体总水量对准确评估身体成分至关重要[39]。

分子组分的物理密度对方法学的发展极为重要。计算并假设分子水平的组合组分密度恒定是二、三和四组分分子水平模型的基础。

为控制四组分模型中身体总水量、骨矿物质重量和剩余重量中的生物变异性，可采用以下公式[73]：

$$\frac{1}{D_b} = \frac{FM}{FM_D} + \frac{TBW}{TBW_D} + \frac{Mo}{Mo_D} + \frac{Res}{R_D} \quad (3.15)$$

其中，D_b 是身体密度，FM 是脂肪重量，TBW 是身体总水量，Mo 是骨矿物质，Res 是剩余重量，D 是密度。

考虑到 36℃时的水密度为 0.9937g/cm³，37℃时的水密度为 0.9934g/cm³，通过假设分子组分的密度，可以推导出公式的每一部分[74]。

多组分模型的一个主要优势是身体总水量测量和骨矿物质是独立纳入的，因而可控制不同被测者去脂体重密度和成分的生物变异性[73]。然而，需要注意的是，当去脂体重的含水量变化大于 3%（SD）时，测量身体总水量的技术误差可通过降低其估算体脂百分比的准确性而影响四组分模型[74,75]。例如，克拉西（Clasey）等人[74]发现去脂体重中身体水分含量的变异性为 5%，如此大的变化很可能是由测量误差引起的。

（三）推荐方案

测量的每一个方面，包括被测者的准备、剂量、采样和同位素分析，都需要仔细完成。身体总水量外推需要最严格的准备。舍勒[39]提出了一种通过平台法测量成人身体总水量的方案，具体如下：

（1）被测者应禁食一晚，午夜之后不能饮用任何液体。被测者还应避免在最后一餐后进行运动，并避免由于环境温度过高而造成失水过多。

（2）采集基线生理样本（尿液、唾液或血浆）。

（3）被测者测量体重时应该穿最轻薄的衣服。

（4）被测者口服一定剂量的同位素。使用 50mL 的水冲洗盛放同位素的容器（冲洗时容器加盖）并让被测者饮用。

（5）在样本采集期间，被测者不能吃任何食物。

（6）采集唾液或血浆样本时，应在给药后 3 小时和 5 小时采集样本。如果还要额外采集细胞外水分，应在给药后 4 小时和 5 小时采集样本。

（7）采集尿液样本时，被测者应在上述时间之前排尿一次，并丢弃该次所排尿液。然后应在规定的时间采集两个样本。

（8）样本在分析前应保存在密闭容器中。

（9）经特殊分析后，两个给药后样本富集度的差异应在 2 个标准差内。

分析方法取决于示踪剂的选择。对于氘分析，需要使用质谱法[39,40]。

在一般形式和理想条件下，根据公式，同位素稀释空间（N）的计算涉及稀释原理的应用（公式 3.16）[76]。

$$N = \frac{\left(\dfrac{WA}{a}\right)(S_a - S_t)f}{(S_s - S_p)} \tag{3.16}$$

其中，N 是同位素稀释空间，单位为克，W 是用于稀释示踪剂的水的重量，A 是给药剂量，a 是配制稀释剂量所用水的重量，f 是生理样本相对于身体水分的分馏系数，S_a 是稀释剂量的测量值，S_t 是稀释中所用的自来水值，S_s 是富集后生理样本值，S_p 是给药前生理样本值。

生理样本值可通过平台法或剂量时间的回推获得[39,42,50]，然后可以用公式 3.4 计算稀释空间。用同位素稀释法测定身体总水量的最后一步是对之前计算好的同位素稀释空间进行校正，以便与非水组分交换。氘对成人和儿童体内的身体水分含量高估了 4.2%。用去脂体重的百分比（使用四组分模型）表示含水量是该方法准确性的终极指标，其预期偏差为 2%～3%（SD）。

三、总体钾计数法

总体钾含量可以使用全身计数器通过钾－40测量获得。全身计数器不会使被测者暴露在任何辐射下，但如果使用液体闪烁或碘化钠晶体作为探测器，全身计数器则会计算放射性核素（如 ^{40}K）的放射性，因为这些放射性核素会从人体发射出伽马射线（0.01%的钾是有天然放射性的）。被测者在计数器上仰卧6～30分钟，具体时间取决于探测器。晶体探测器需要更长的计数时间才能获得与液体闪烁计数器在较短时间内所达到的相同的精度水平。每分钟探测到的伽马射线与体细胞重（Body Cell Mass，BCM）或去脂体重的大小成正比。为了计算成人体内的体细胞重，钾－氮（Potassium－to－Nitrogen，K－N）比应用如下：BCM（kg）=0.00833×K（mmol/kg），假设K－N比为3mEq/g及氮占湿组织重量的4%。研究者已经为婴儿和儿童开发了相应的公式，以解决极端的营养过剩或营养不足问题。同样，每类人群的总体钾－去脂体重（TBK－FFM）比也已确定[77]。在成年人中，去脂体重的钾含量：男性2.66g/kg，女性2.50g/kg[78]。

成年人的全身计数器精度为2%～5%[77,79]。婴幼儿的放射性水平较低，导致精度较差[77]。在20世纪初，美国大约有11台全身计数器，全世界约有30台[80]。早期的研究以绵羊、牛和猪等家畜为对象，以解剖和化学分析为参考方法，对总体钾计数作为肌肉重量的测量方法进行了验证[80,81]。对人类而言，钾的公式已通过骨骼肌（Skeletal Muscle，SM）的MRI这一参考方法得到了很好的验证。

（1）涵盖95.9%个体差异的比率模型在年龄＜70岁的被测者中表现良好，公式如下：

$$SM（kg）=0.0085×TBK（mmol） \tag{3.17}$$

（2）涵盖MRI测量SM时97%个体差异的多元回归方程如下：

$$SM（kg）=［0.0093×TBK（mmol）］-（1.31×性别）+（0.59×黑值）+$$
$$（0.024×年龄）-3.21 \tag{3.18}$$

其中，女性的性别为0，男性为1；非裔美国人的黑值为1，其他种族/民族的黑值为0[82]。

四、双能 X 射线吸收法

身体成分评估的另一种实验室方法是双能 X 射线吸收法（DXA）。在 DXA 出现之前（20 世纪 90 年代），单光子吸收法（Single-Photon Absorptiometry，SPA）和双光子吸收法（Dual-Photon Absorptiometry，DPA）被用于评估骨密度和局部身体成分[83]。DPA 是在 20 世纪 80 年代发展起来的，它利用放射性同位素产生双能光子来测定骨密度以诊断骨质疏松症。用 X 射线代替放射性同位素促进了 DXA 的出现。

DXA 随后被应用于软组织成分的评估，当时研究者发现可以在人体的非骨区域进行软组织的定量评估[84]。DXA 是一种快速且相对无创的骨密度测量技术，可用于骨质疏松症的诊断，以及全身和局部身体成分的测定。然而，DXA 设备价格昂贵，需要专业测量人员进行扫描并对扫描结果进行分析，并且会让被测者暴露在小剂量的辐射下。

简而言之，这种方法利用了由两种能量组成的 X 射线束穿过人体。这两种能量以不同的速率（取决于组织的成分）穿过软组织和骨骼。被测者仰卧于测试台上完成该项测试。尽管制造商设定的操作方式有所不同，但是所有仪器的基本原理都是相同的。该方法的详细说明可参见其他文献[85,86]。

实践启示

DXA 的一个优势是它能够通过全身扫描来测量全身和局部的瘦体组织。这一特性目前在临床上尚未得到充分利用，但在帮助监测瘦体重增加和减少等方面具有很大的潜力。例如，老年人在体重保持不变的同时往往会出现瘦体重的减少与脂肪的增加，这种情况被称为肌少症。DXA 扫描可以显示这些身体成分的变化以及在哪些部位发生了上述变化。通过运动咨询，一个人可以通过实施有针对性的运动计划来推迟或逆转这些变化。

X 射线穿过人体组织，会根据组织成分不同程度地衰减。骨是一种致密的材料，它比瘦体组织和脂肪组织更能减弱 X 射线的强度，而瘦体组织和脂肪组织的密度

虽然都比骨的密度低，但二者之间仍然有一定的差异，使它们能够被区分开来。因此，DXA 是身体成分评估的三组分模型：骨量、瘦体组织和脂肪重量。下面我们将依次探讨 DXA 在评估三个组分中的应用。

　　X 射线束从被测者所躺测试台的下方射入，并由被测者上方与 X 射线源一起移动的扫描臂探测（图 3.4）。一些制造商使用笔形射线束，另一些制造商使用扇形射线束（还引入了窄角扇形射线束）。笔形射线束是以直线方式从头到脚进行扫描，而扇形射线束则是以旋转方式进行扫描。应注意的是，X 射线束相对于被测者的方向使测试结果只能获得二维视图，这也是 DXA 的一个局限性，即在测量较胖的人时，精度会降低（也称射束硬化）[85]。不同的扫描仪会通过提供几种扫描模式来对此进行校正，并减慢对较胖的人的扫描速度（基于被测者的体重指数）。此功能是自动的，在大多数扫描仪上也可以由测量人员手动开启。

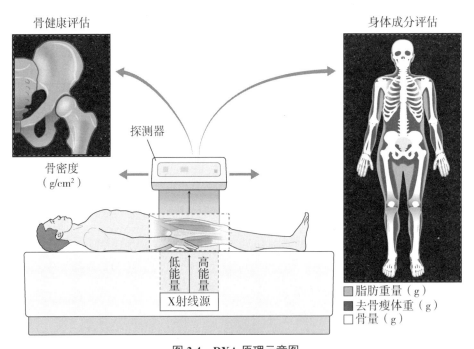

图 3.4　DXA 原理示意图
资料来源：改编自 Toombs 等（2012）。

　　在这个二维视图中，穿过人体组织的 X 射线衰减被用来测定身体成分。扫描的区域由计算机软件识别的数千像素组成。首先将每个像素量化为含有骨骼或不含骨骼的软组织。含骨像素与不含骨像素的区别非常明显，因为骨 X 射线的衰减程度大于软组织。DXA 软件无法测定含骨像素的软组织成分，因为骨骼对 X 射线的衰减在像素中占主导地位。

由于任一含骨像素也含有软组织，因此软件通过使用来自不包含骨的相邻像素的数据来估算软组织量和成分。这是它的一个主要局限性，因为其中高达 40% 的像素必须估算软组织成分[83]。在不含骨的像素中 X 射线的衰减被进一步检测，以区分脂肪组织和瘦体组织，脂肪组织和瘦体组织对 X 射线的衰减程度不同（两者都远小于骨组织）。

研究显示，扫描骨骼结构复杂（如躯干）区域的准确性低于骨骼结构简单（如四肢）区域的准确性[75]。精确测定身体成分的程序因制造商而异，并且由于软件的专有性，科学界并不完全了解该程序。早期的软件版本低估了躯干和大腿的脂肪量[87-90]。瓦伦丁（Valentine）等人[90]也发现了仪器对躯干脂肪的低估。然而，制造商的软件升级始终旨在克服先前已明确的软件的不足[83]。洛曼和陈（Chen）[83]总结了不同制造商在软件方面的改进。因此，在通过 DXA 测定身体成分时，需要记录所使用的软件版本。

一般来说，DXA 在多组分模型中显示出了卓越的精度（变异系数为 1%～3%）和良好的准确性［体脂%（SEE）在 2%～3%]，这使它成为理想的实验室技术[9,86]。DXA 可以测量总骨量，并将其用于多组分模型，因而避免了去脂体重中骨量和密度恒定这一基本假设。

（一）DXA 评估身体成分的准确性

DXA 测得的体脂百分比可以通过四组分模型进行验证，而密度测定法则不能通过四组分模型直接验证，因为它提供了一个估算脂肪的变量。有几项研究对 DXA 测得的体脂百分比和四组分模型测得的体脂百分比进行了比较，估计标准误通常在 3% 左右[75,86]。在研究中，DXA 测得的平均体脂百分比（使用不同的硬件和软件）与四组分模型以及所研究的不同人群之间存在系统误差。一般来说，这些差异在 1%～2%，但是在过度消瘦或肥胖人群中通常会发现更大的差异[91]。基于上述局限性，DXA 被归类为实验室方法而不是参考方法[9]。

DXA 测量瘦体组织和骨骼肌重量的准确性最好通过 CT 或 MRI 进行验证。最早的一项关于评估骨骼肌重量的验证研究是在 17 名健康男性和 8 名艾滋病男性患者中进行的。这两种方法之间的估计标准误为 2.1kg 或在 4%左右[92]。如果我们将一半的误差归因于多组分模型，另一半归因于 DXA，则每种方法的估计标准误为 1.5kg（2.1kg/$\sqrt{2}$）。金（Kim）等人[93]建立了用于估算较大样本四肢骨骼肌重量的有效公式。

DXA 可测量的第三个组分是总骨矿物质。尽管 DXA 测得的髋部和脊柱的骨密度可以很好地诊断骨质疏松症，但在身体成分研究中，最应被关注的是总骨矿物质含量，它是四组分模型中的身体矿物质含量（Body Mineral Content，BMC）的唯一预测方法。虽然 DXA 估算身体矿物质含量的精度很高，但是如果没有尸体分析，很难确定其估算身体矿物质含量的绝对精度。然而，首先要关注的是去脂体重中身体矿物质含量的相对变化，而不是绝对值。几项利用四组分模型的研究显示去脂体重中的水分变化而不是矿物质含量与去脂体重密度的变化相关[94,95]。因此，研究发现四组分模型的首要变异来源是水分的变化，而身体矿物质含量估算值是一个较小但重要的变异来源。

DXA 可用于评估局部身体成分，尤其是腹部脂肪。DXA 测得的脂肪含量与 MRI 和 CT 在 L1/L4 区的测量结果显示出良好的一致性[96,97]。

（二）影响 DXA 身体成分评估的因素

DXA 用于检测身体成分随时间的变化很有前景，DXA 测得的体脂百分比变化与多组分模型测得的体脂百分比变化的平均差异很小[86]。胡特库珀（Houtkooper）等人[98]发现 DXA 是一种灵敏的方法，可用于评估运动训练组和非运动训练组被测者一年内身体成分的微小变化。提拉夫斯基（Tylavsky）等人[99]比较了两种不同的 DXA 系统（扇形射线束和笔形射线束），发现这两种方法都可以很好地评估瘦体组织的变化。在有些研究中，测得的变化显示了相当大的个体差异[86]。总体来说，由于 DXA 是一个三组分模型，因此其测量身体成分的准确性与其他两组分实验室方法（密度测定法、身体总水量法）相当甚至更高。

有三大 DXA 仪器制造商，每个制造商都会提供各种仪器，持续提供各种版本的软件，并进行软件升级。不同制造商、仪器型号和软件版本测得的身体成分结果存在差异。不同制造商生产的 DXA 所测量的脂肪重量的变异系数范围为 1%～

7%[85-100]。此外，扇形射线束和笔形射线束 DXA 之间也有系统误差[100,101]。还有一些最新型号的 DXA，目前研究人员尚未对其准确性进行全面评估[86]。当对同一个人用不同的仪器测量或者用不同版本的软件在同一仪器上进行测量时，比较其结果，就会发现问题。大量的多位点研究试图通过交叉校准研究来解决这些仪器和软件的差异问题。当仪器或软件版本不同时，比较结果应谨慎。测量人员分析结果时应该尽可能采用一致的方法，包括用新软件重新分析旧的扫描结果，以便与追踪测量结果进行比较。

　　除了这些硬件和软件因素之外，DXA 测量结果还可能受到多种生物学和测量因素的影响。研究显示，正常的含水量变化（1%～3%的变异）在一定程度上会影响体脂百分比的测量[75]。然而，有时去脂体重的含水量变化在 4%～5%就会对结果有较大的影响，因此，脱水可能会导致身体成分评估的系统性变化，这种情况应该避免，以便准确评估身体成分。大量进食也会影响 DXA 测量结果[102]。有了标准化方案，DXA 可以用于测量身体成分的变化。由于脂肪评估时的技术误差，DXA 无法检测到身体脂肪的微小变化（<3%）[102]。

　　DXA 的身体成分测量值也因被测者的体位而异。手臂的位置（手掌平放在测试台上或手掌贴着被测者的身体一侧）和腿的位置（并拢或分开）会导致身体成分评估结果的不同。此外，被测者是采用俯卧位还是仰卧位接受测量也会产生系统性影响[100]。在 DXA 扫描之前进行运动也会少量增加测量误差[103]。测量人员应接受测量体位的培训，测量时对被测者的体位进行统一，并使用预先确定的标准测量方案以确保高精度和准确性。推荐的 DXA 仪器最佳操作流程将在后续部分介绍。

　　图姆斯（Toombs）等人[86]在一篇综述文章中提出警告，如果使用 95%可信区间而非估计标准误（95%可信区间大约是估计标准误的 2 倍），DXA 测得的体脂百分比将与四组分模型之间存在较大的个体差异。鉴于大多数实验室方法的特征是体脂百分比的估计标准误为 3%（2/3 的被测者在 1 个标准误范围内），我们预计偶尔可能会有更大的偏差。因此，应该对 DXA 及身体总水量法和密度测定法一视同仁。当然，对于身体脂肪的上下两端，误差会变得更大，在某些情况下，DXA 可能会系统地低估或高估身体脂肪[7,91]。在所有验证研究中，最好采取预防措施以确保能够准确采集所有数据。在胡特库珀等人[98]的研究中，推荐将 DXA 测得的各部分重量总和与体重计测得的体重进行比较[95]。然而，这种重要的质控措施鲜有报道。通常情况下，体重计测得的体重与 DXA 测得各部分重量之和的平均差异为 1.0kg 或者更小，且标准差小于 1.0kg。普赖尔（Prior）等人[95]发现平均差异为 0.6kg，标准差为 0.5kg。标准差大于 1.0kg 可能表示 DXA 全身分析的数据不太可靠。

DXA 在实际应用中的另一个限制是扫描区域的大小和测试台的承重量，这两者都会对被测者产生限制。一些制造商已经开始增加仪器的扫描面积和承重能力，研究人员已经研发了替代扫描程序，以使 DXA 也能用于身材高大者的身体成分评估。对于高个子的人，可以进行两次扫描后求和，一次仅扫描头部，另一次扫描除头部以外的身体部分。但这种方法对于那些忽略头部后仍然超出扫描区域的身材高大者而言是无效的。另一种方法是扫描时让被测者弯曲膝盖，但对高个子的人来说，扫描臂的间距可能是个问题。尽管与扫描两次的方法相比，屈膝扫描的辐射剂量较低，但与全身扫描相比，屈膝扫描结果的准确性也比较低[104,105]。两次扫描法与全身扫描的结果更为一致，是针对高个子个体的推荐方案。

对于比较胖的人，也可以利用两次扫描法，一次扫描左半身，另一次扫描右半身。将这些结果相加，得到全部身体成分。研究显示，两次半身扫描后相加的结果与全身扫描相比效果更好，这使其成为较胖的被测者可接受的替代方案[104,105]。

扫描分析是使用 DXA 测量身体成分的另一个误差来源。软件会自动画线对身体进行分区。画线的位置有时候不太合适，因此会造成评估结果的不准确，尤其是局部的身体成分。专业的测量人员应遵循制造商的指南，始终检查这些自动画线，并在必要时进行调整。汉加特纳（Hangartner）等人[106]的研究显示，采用上述方法可以提高准确性。利用各部分所测重量的总和与体重计测得体重的比值，可以评估扫描分析的误差。

（三）DXA 用于身体成分评估的推荐方案

许多研究人员强调了采用 DXA 进行身体成分评估时使用标准化扫描和分析程序的重要性[100,106–108]。推荐的 DXA 测量方案如下：

（1）被测者尽量穿最少量的衣服。

（2）被测者处于禁食（12 小时）且膀胱排空的状态。

（3）被测者在扫描前没有进行运动（约 12 小时）。

（4）被测者以仰卧位进行扫描，双手手掌向下，不接触躯干，手臂与双腿都伸直，脚踝贴紧，双脚置于中立位，面朝上且下巴处于中立位。

（5）被测者水合状态正常，不要处于脱水状态。

（6）应使用扫描体模对 DXA 仪器进行监控，以确保其正常运行并监测随时间推移可能发生的漂移。

（7）瘦体组织、脂肪和骨矿物质重量的总和应与体重计测得的总体重进行比较。

平均差异随 DXA 基线系统的不同而不同，与体重计测得的体重相比大约会有 0.5～1.5kg 的偏差，差异的 SD 约为 1。如果某个个体的差异大于 2SD，则应对其重做 DXA 扫描分析。

总之，DXA 是一种实验室方法，但不是一种测量身体成分的参考方法，它可以对骨、瘦体组织和脂肪进行评估。对于体脂百分比，四组分模型验证研究表明估计标准误约为 3%。瘦体组织和全身及局部的骨矿物质都可以通过 DXA 被准确评估。另外，DXA 还可以评估四肢骨骼肌重量和腹部脂肪。DXA 测量的精度非常高，可以较好地追踪身体成分的变化。DXA 测量结果可能会受到含水量、食物摄入量及进行操作和扫描分析的测量人员的专业水平等因素的影响。使用 DXA 测量身体成分时，必须遵循标准测量程序，这对测量的准确性和精度至关重要。

五、超声法

专门用于身体成分评估的超声设备的发展，为对身体脂肪评估及相关健康风险感兴趣的从业人员提供了新的选择。许多人将超声视为产前诊断和其他生物医学应用的工具，但近半个世纪以来已有证据表明超声能够有效测量人体脂肪[109,110]。大量的研究表明，与更成熟的实验室技术相比，超声是测量组织厚度的精准方法[111－117]。尽管有人发现，在评估身体脂肪时，这种方法的准确性较低，而且不比皮褶厚度法或生物电阻抗法等常用的现场技术更好[118－121]，但是一篇关于超声评估身体脂肪的综述显示，超声是一种可靠且准确的方法[116]。

超声成像采用脉冲回波技术，其中换能器或探头（包含能够产生高频声波的压电晶体）通过皮肤透射超声波束。当光束与不同组织（脂肪、肌肉、骨骼）接触时，它会被部分反射为探头可以探测到的回声。因为每种组织都有不同的密度，所以各种组织还具有独特的声阻抗，或对通过它的超声波束有特定的阻抗。因此，当超声波穿过不同组织之间的界面时，它会以不同的回声强度反射波束，探测器可以将这些信号转换为图像，以提供厚度和组织类型信息。软组织界面仅反射一小部分声音，因为生物软组织对声传播的阻抗差别不大[122]。

用于身体成分测定的超声换能器采用两种不同的模式，即 A 型或幅度调制型，以及 B 型或亮度调制型。较少使用的 A 型是超声成像的简单形式。在这种模式下，超声波以较窄的笔形波束传播，可以用来测量深度，特别是在评估身体成分时，可用于测量皮下脂肪的厚度。当波束到达皮肤和皮下脂肪之间的组织界面时，一些超声波被反射回探头。反射回的波以偏离水平线的波峰的形式呈现，返回波越强，波峰的高度就越大。波峰的高度称为振幅。随着超声波继续深入到皮下脂肪和肌肉之间的界面，一些超声波再次被反射回来，并产生另一个波峰。知道超声波的速度，就可以根据这两个波峰之间的时间差确定皮下脂肪的厚度。

B 型超声的工作原理与 A 型类似，可以计算超声波束发射后在两个界面之间的传播时间。然而，当超声波被反射回探头时，反射波的强度被记录为一个亮点，而不是波峰。点的亮度表示反射的强度，因此点越亮，波的反射就越强。B 型换能器发射的不是单束笔形波束，而是快速连续的超声波，这些超声波来回扫描，产生一系列连续的 B 型线，这些线被合成后产生二维图像。一系列的发射波和图像创建发生得很快，因而屏幕上的图像基本上是实时显示的。因此，测量人员不仅可以看到各种组织，而且还可以看到施加压力的大小和图像质量。

由于 B 型超声可提供实时的二维图像，因此在临床影像学方面优于 A 型。它还会生成皮下脂肪层的清晰图像，用于评估身体成分。测量皮下脂肪厚度并不复杂，且与深部组织的临床影像学相关。在一项检测皮下脂肪厚度的尸体研究中，较为复杂的 B 型超声的读数与专门为测定身体成分设计的 A 型超声的读数没有显著差异，并且在大多数测量部位两种型号超声的准确度都小于 1mm[123]。但这项研究的样本量有限，仅测量了六具尸体，只有进行更大样本量的进一步比较，才能真正确定 A 型超声相对于 B 型超声测量身体成分的可靠性。

超声检测的程序相对简单。将探头放置于测量部位的皮肤上（图 3.5），且为了达到最佳的波传播效果，可在探头和皮肤之间使用耦合剂，这是因为在软组织与空气或骨骼之间的界面处，反射率接近 100%，无法进行准确的成像。探头与皮肤呈 90°角，用力程度以探头紧密接触皮肤而非压迫皮肤为宜。如果探头角度不对，图像就会变得模糊。测量时，打开脉冲回波超声束，并小心地以最小范围移动探头（<1cm），以免断开与目标部位皮肤的接触。对于任何特定部位的扫描，超声法的信号只需几秒钟就会转换为图像（图 3.6），并可以存储起来以便日后解析，到时测量人员会识别组织边界并使用软件测量组织厚度。

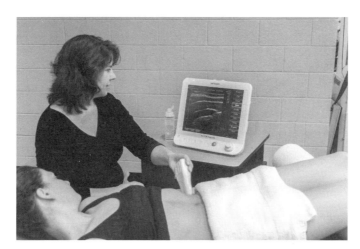

图 3.5　超声成像技术在皮下脂肪厚度测量中的应用

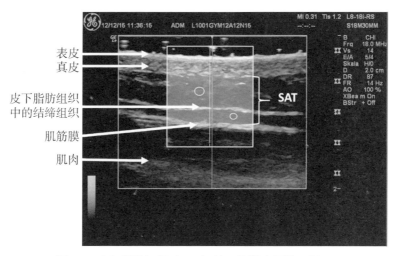

图 3.6　皮下脂肪组织（SAT）的 B 型超声图像示例

尽管超声技术相对简单，但由于缺乏用于身体成分评估的统一指南，它的使用一直受限。各种测量技术产生的结果高度依赖于测量人员的操作水平[116]。例如，施加到探头上的力的改变会导致高达 37% 的皮下脂肪厚度的变化[124]。此外，图像解析较易受主观因素的影响，而且从筋膜区分组织界面难度较大，尤其是在脂肪和肌肉的界面附近，但是，随着测量人员经验的丰富，其解析图像的能力也会提高[109,125,126]。测量的准确性也可能因部位而异，因此选择可以准确重复测量的部位对技术的成功应用至关重要。

在一项比较超声法和皮褶厚度法的早期验证研究中，法内利（Fanelli）和库茨马斯基（Kuczmarski）[127]发现用这两种方法评估身体脂肪与使用密度测定法这一实验室方法评估身体脂肪具有相似的准确度（体脂百分比的估计标准误在 3.4%～3.8%，取决于两个部位皮褶的不同组合）。在最近使用 DXA 作为标准方法的研究中，皮诺（Pineau）等人[128]使用 A 型超声对 83 名女性和 41 名男性的两个部位（大腿和仰卧位时的腹壁）进行测量，发现体脂百分比的估计标准误为 3.0%～3.2%。在一项超声与身体成分的综述中，瓦格纳（Wagner）[116]的结论是，超声法是一种有效的身体成分评估方法。

未来使用超声测定身体成分的推荐方案包括使用国际促进人体测量学发展学会（International Society for the Advancement of Kinanthropometry，ISAK）的皮褶厚度指南，使用高频（12MHz）线性扫描仪对皮褶部位进行纵向扫描，以及使用大量耦合剂以使压力最小[124]。

霍恩（Horn）、穆勒（Müller）[129]以及穆勒等人[130]已经着手通过应用半自动图像评估技术减少测量人员的误差来提高超声的一致性。这种新方法使用新开发的软件[130,131]来更准确地探测脂肪层轮廓。阿克兰等人[9]对该方法进行了详细介绍。测量人员可以通过改变一个因素（就像一个阈值）来从视觉上判断什么是皮下脂肪，该因素决定了容许的图像可变性，然后在符合脂肪组织轮廓的位置停止。随后，软件可以测量整个目标区域的一系列距离，并提供最小值、最大值、平均数、标准差、中位数、众数及其他测量值。操作者还可以决定选择包括或排除其他包埋组织（如纤维组织）的测量值。对切除的猪组织的测量结果显示该过程与游标卡尺的测量高度相关[129]。

最近，这项技术被应用于运动员身上，并且它被发现比皮褶厚度法这一传统的现场评估方法更可靠、更准确[130,131]。3 名超声测量人员在 8 个 ISAK 皮褶部位对被测者进行测量后，发现被测者间的误差为 0.4～0.8mm [131]。穆勒等人[132]的研究提出了更适合于超声脂肪定位的推荐方法和进一步减少测量者间误差的方案，从而避免了瓦格纳[116]总结的某些局限性。施托赫勒（Störchle）[133]已经在正常体重、超重和肥胖人群中应用了这些标准化位点，结果显示可靠性很高。这一新方法的专业培训由国际医学和体育科学协会（International Association of Sciences in Medicine and Sport，IASMS）提供。

实践启示

　　由于采集图像的软件系统的更新，超声法在身体成分评估方面具有很好的前景。该方法仍然需要用四组分模型来验证。如果被证明是有效的，它既可以作为一种实验室方法，也可以作为一种身体成分评估的现场方法，因为与其他所有实验室方法所用的设备不同，超声仪具有很高的准确性和便携性。很少有准确度高的设备是便携且成本较低的。科学家目前正在进行研究，以测试超声法在各种人群和在不同条件下的有效性，以确定其是否符合先前提到的各种有效性标准。

这些发现支持超声作为一种可行的身体成分评估工具的可能性。作为一种实验室技术，它比其他有效技术（如 DXA 或 CT）更具有优势，因为它不涉及电离辐射。与其他医疗设备相比，超声仪的低成本、便携性和较快的测量速度也是有利条件。未来进行的可靠性和有效性研究可能会使超声法在运动员群体和非运动员群体身体成分评估方面得到更广泛的应用。穆勒[112]已建议在运动员群体中使用该方法。

六、总结

本章介绍了主要的身体成分实验室评估方法：密度测定法（水下称重法、空气置换法）、身体总水量法、总体钾计数法、双能 X 射线吸收法和超声法。这些二级方法仅次于第二章介绍的最准确的全身体成分评估方法。尽管它们没有一级方法的准确性高，但是对于希望准确评估被测试者身体成分的人群而言，这些方法中的任何一种都更易于使用且成本更低。本章介绍了所有这些实验室方法的理论基础、优点、局限性、准确性和精度。因此，您现在已经掌握了每种方法特有的变异来源将如何影响其测量身体成分效能的实用知识，这也将使您能够更合理地解释测量结果。

（张培珍主译）

第四章 身体成分的现场评估方法

莱斯利·杰尔姆·布兰登，博士，美国运动医学学会资深会员（Leslie Jerome Brandon，PhD，FACSM）

劳里·A. 米利肯，博士，美国运动医学学会资深会员（Laurie A. Milliken，PhD，FACSM）

罗伯特·M. 布鲁，硕士（Robert M. Blew，MS）

蒂莫西·G. 洛曼，博士（Timothy G. Lohman，PhD）

学习目标

通过本章的学习，你将掌握以下内容：

- 身体成分现场评估方法的应用
- 不同身体成分现场评估方法的标准化测量程序
- 不同身体成分现场评估方法的优点和局限性
- 不同身体成分现场评估方法的适用性
- 与各种体重和身高指标相比，身体成分现场评估方法的优势有几种现场方法可用于评估身体成分。在本章中，我们将介绍皮褶厚度法、围度测量法、生物电阻抗法及体重和身高各项指标等身体成分现场评估方法。

不同身体成分现场评估方法的有效性和许多已发表公式的预测准确性需要被仔细评估。根据验证研究提供的不同身体成分评估方法的准确性水平，表 4.1 基于估计标准误（SEE）对体脂百分比（%BF）进行了分级。在最佳条件下，所选现场方法获得的体脂百分比的 SEE 为 3%～4%。

表 4.1　基于 SEE 的体脂百分比分级[1]

SEE %BF	主观等级
2.0	完美
2.5	优秀
3.0	很好
3.5	良好
4.0	不错
4.5	一般
5.0	差

资料来源：转载自 T.G. Lohman，Advances in Human Body Composition（Champaign，IL：Human Kinetics，1992）。

实践启示

体脂百分比评估的估计标准误如表 4.1 所示。任何新的评估身体成分的现场技术应至少显示出良好的误差水平，以便用于现场测定。毫无疑问，未来将会有新的技术被开发出来并销售给消费者。从业人员应该经常询问销售新设备的公司其错误率，以及他们是否将新设备与身体成分四组分模型进行过比较。公司应该能够提供验证研究的结果，研究报告上应显示与四组分模型进行比较的估计标准误。估计标准误应≤3.5%，否则该设备可能不值得投资。消费者应货比三家，以找到可以满足这一准确性标准的方法和设备。

一、皮褶厚度法

皮褶厚度测量是最古老和使用最广泛的评估身体脂肪的方法之一。该方法基于皮肤褶皱和其中包含的双层皮下脂肪可以反映全身脂肪状况这一假设。由于超过50%～70%的身体脂肪位于皮下，结合选定的皮褶厚度组合的测量结果被证明是有效的[2]。一般来说，某几处皮褶厚度可以用来评估总体脂百分比，其估计标准误为3%～4%（良好～不错）。皮褶厚度法的测量结果还可以显示皮下脂肪的分布特征和模式，这与肥胖和慢性病的风险有关。

皮褶厚度法是从业人员、科学家和医疗卫生专业人士测量身体成分时最常用的一种方法，不仅可以作为独立测定值被报告，还可以用于计算体脂百分比的公式[3]。此外，皮褶厚度仪操作简单，携带方便，并且价格相对便宜[4]。因此，一旦经过培训，临床医生可以使用它们来辅助监测健康状况；教练员可以用它们来辅助监测运动员身体脂肪和身体素质以及相关的变化；研究人员可以在大规模的临床试验和流行病学调查中用它们来测量身体成分。

1988 年出版的《人体测量标准化参考手册》[5]，为临床医生和研究人员提供了一套标准化的人体尺寸测量指南。在 1988 年以前，关于皮褶部位的定义在文献中很普遍，但缺乏标准化程序。该参考手册在 1990—2005 年的文献中被广泛引用，至今仍被研究人员沿用。建立于 1986 年的国际促进人体测量学发展学会于 2001 年出版了关于各种皮褶厚度、围度和骨骼尺寸的《人体测量评价的国际标准》。人体测量学家精心设计并建立了培训和认证方案。ISAK 标准强调要重视原始的皮褶厚度数据，而不是将其转换为身体密度和体脂百分比。目前，无论是原始的皮褶厚度数据，还是转换后的身体密度和体脂百分比，世界各地都在使用[3]。

许多从业人员会就体脂百分比与他们的客户进行交流。虽然皮褶厚度与身体脂肪之间的关系已经确立[2]，但目前有许多公式可以用来预测身体密度和体脂百分比，其中许多公式尚未进行交叉验证，或者用于不同人群中的效果较差。这些公式大多是在同质性群体中建立的线性方程，不适合在其他群体中使用。例如，在活跃的男性大学生中建立的皮褶厚度公式如果用于静坐少动的绝经后女性就不太准确了。这种局限性的一个例外是德宁（Durnin）和沃默斯利（Womersley）[6]的公式，该公式基于 4 个皮褶厚度之和的对数（肱二头肌、肱三头肌、肩胛下部和髂前上部）来评估身体脂肪，它是以两组分模型（身体密度）为标准方法对 4 个不同年龄段的成年男性和女性群体进行研究获得的[6]。

研究者用于研发公式的精确测量方案常常被从业人员忽视。1996 年，海沃德（Heyward）和斯托拉奇克（Stolarczyk）[7]出版了《身体成分评估手册》，协助从业人员选择合适的测量方案和公式。本书简化了方案的选择，并在本章和第七章纳入了更多的最新研究成果。

考虑到性别、年龄、种族和运动情况，对皮褶厚度法而言，更实用的方法是使用一组适用于每个人的测量部位。杰克逊和波洛克[8]研发了适用于中青年男性和女性的皮褶厚度公式，他们使用三个、四个或七个部位的皮褶厚度之和，再加上年龄，从而估算出身体密度和体脂百分比。杰克逊和波洛克发现，所选皮褶厚度之和与身体脂肪之间存在曲线关系。这些公式是以 18～55 岁的成年人和大学生运动员[9-11]这一异质性群体为基础建立的，而且已经被其他研究人员交叉验证可用于成年人群。

彼得森（Peterson）等人[12]的研究指出，杰克逊和波洛克[8]及德尔林和沃默斯利[6]的方法都低估了身体脂肪含量。正如埃文斯（Evans）等人[13]所解释的那样，彼得森等人进行了有偏倚的布兰德-奥特曼分析（Bland-Altman analysis），并且在测量皮褶厚度时没有遵循杰克逊和波洛克的测量方案。埃文斯等人[13]利用四组分模型作为参考方法（见第七章）进行了一项最佳设计的研究，以开发适用于运动员人群的皮褶厚度公式（三个位点和七个位点的皮褶厚度之和）。

考虑到在身体脂肪、去脂体重和脂肪模式方面的差异，在成年人中建立的公式并不适用于儿童。洛曼[2]研发了适用于成年男性的皮褶厚度公式，他将多名研究者获得的对运动员及肥胖者的实测数据合并为一个异质性样本，以增加公式的外部效度。索兰德（Thorland）等人[14]对青少年男性摔跤运动员采用了类似的方案，确定了三点法皮褶厚度（肱三头肌、肩胛下部和腹部）公式的有效性，该公式已在美国青少年中广泛使用（见第六章）。斯劳特（Slaughter）等人[15]利用四组分模型建立了基于皮褶厚度的公式，用于评估儿童的体脂百分比。

下文中描述的皮褶厚度测量部位基于杰克逊和波洛克[8]及《人体测量标准化参考手册》[5]。此外，下文还将介绍测量技术。

以史蒂文斯（Stevens）等人[16,17]、杰克逊等人[18]、奥康纳（O'Conner）等人[19]

和戴维森（Davidson）等人[20]的研究为基础，研究人员还研发了其他同时适用于儿童和成年人的公式。史蒂文斯等人使用最小绝对收缩选择算子（Least Absolute Shrinkage Selection Operator）的独特方法具有良好的外部效度，许多公式都是由于外部效度问题而无法应用于其他样本。史蒂文斯使用全国抽样的大样本[美国国家健康与营养调查，National Health and Nutrition Examination Survey（NHANES）]，包含不同种族的儿童和成年人，采用皮褶厚度和围度指标，并校正了月经初潮、年龄、种族/民族、曲线性和许多选择性交互，其方法交叉验证结果良好。相关人员以双能 X 射线吸收法（DXA，Hologic 4500 扇形射线束）为标准方法，对史蒂文斯等人的公式进行了验证。结果显示，体脂百分比的估计标准误为 2.6%～2.9%。由于作为标准的 Hologic 型 DXA 的局限性，需要使用四组分模型对上述公式进行交叉验证。

杰克逊等人[18]、奥康纳等人[19]和戴维森等人[20]以 DXA 为标准方法，对杰克逊–波洛克公式[10]和德尔林–沃默斯利公式[6]在不同种族和民族中的应用进行了交叉验证。杰克逊等人[18]对原公式中的一些偏倚进行了校正，研发了新公式。修正后的杰克逊–波洛克和德尔林–沃默斯利公式需要使用四组分模型在不同人群中进行交叉验证，由于被测者的体型、年龄和身体成分等的差异，DXA 4500 扇形射线束可能存在偏倚。舍勒等人[21]报告称，DXA 4500 扇形射线束低估了脂肪，高估了去脂体重，存在约 5%的误差，因此经 DXA 4500 验证的公式不适用于消瘦和肥胖的成年人和儿童。推荐的皮褶厚度公式将在第七章中介绍。

（一）皮褶厚度测量的准备工作

身体成分的现场评估是评估身体成分的有效方法，从被测者的角度考虑并认识到可能带来的不舒适是非常重要的，特别是对于儿童来说。在实施任何测量之前，要考虑被测者可能会对要测量的信息产生焦虑。因此，请记住，每个被测者都有要求信息被保密的权利。应尽力客观而且不带任何偏见地观察和记录数据。重要的是不要对任何测量结果做出反应，只是简单地观察和记录。测量人员应该友好对待并尊重每一个被测者，使测量过程成为一次愉快的体验。被测者的安全很重要。测量人员在测量时应小心使用钢笔和铅笔，并应摘下可能造成危险的戒指、手镯或其他饰品。

在测量前，测量人员应确认皮褶厚度仪已正确校准。未测量时，钳口闭合，皮褶厚度仪的读数为0mm。可以使用校准块来验证皮褶厚度仪准确读取渐进增量（例如，10mm、20mm、30mm和40mm）的能力，每次测量前都应进行此操作，或者在测量过程中皮褶厚度仪意外掉落时，也应使用校准块再次进行校准。测量人员应向被测者介绍自己，并仔细解释所有程序。如果被测者看起来很焦虑，测量人员可以通过在自己手上演示皮褶厚度仪的使用以及测量被测者的拇指和食指之间的肌肉组织来缓解他们的情绪（图4.1）。

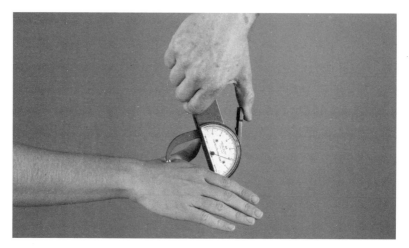

图 4.1　在焦虑的被测者手上演示皮褶厚度仪的使用

（二）皮褶厚度测量技术及测量部位

右手操作适用于所有类型的皮褶厚度仪，并且该技术用于随后提及的每个部位。为统一标准，通常测量的是身体右侧相应部位的皮褶厚度。只有当被测者因受伤或身体畸形无法接受右侧测量时，才可以用左侧代替。皮褶厚度测量结果的记录应精确到毫米，每个部位测量3次，并以3次测量的平均值作为最终结果。如果3个皮褶厚度的测量值有超过平均值10%的情况，则需要重测3次。此外，一个训练有素的研究人员应成为每个部位皮褶厚度测量误差都在10%以内（3次测量的平均值）的专家[5]。

测量皮褶厚度时，在距离要测量的位点约 1cm 处用左手的拇指和食指提捏起皮褶（包含双层皮肤和皮下脂肪组织），捏起皮褶的方向取决于皮褶的部位。在距测量位点 1cm 捏起皮褶可确保稍后将右手所握皮褶厚度仪的钳头置于该位点时，钳头与捏住皮褶的手指相距 1cm。保持捏起皮褶的位置与测量位点的间距很重要，因为它有助于避免捏起皮褶时施加的压力影响自然的皮褶厚度。通过将拇指和食指放在皮肤上，大约相距 8cm，沿着未来皮褶的轴线形成一条垂直线，然后将它们相互拉近，形成皮褶。8cm 的距离可能因被测者的体型不同而有所不同，较厚的皮下脂肪组织层需要拇指和手指之间有更大的距离才能形成皮褶。对于较大的皮褶，仅用食指可能不足以捏住整个皮褶，在这种情况下需要中指来帮忙。甚至对于更大的皮褶，也可以同时利用无名指以捏住皮褶。在测量完成之前，测量人员都应牢牢捏住皮褶[5]。

　　适用于测量位点的通用原则是皮褶的长轴与被测部位的皮纹平行。凸起的皮褶应两边平行，并且只由皮肤和皮下脂肪组织组成[22]。缺乏经验的测量人员的常见错误是在皮褶中捏起了肌肉，尤其是被测者较瘦时，或在阑尾区。如果存在不确定性，被测者可以在测量人员捏住皮褶时收缩肌肉，以帮助其确定捏住的部分是否包含肌肉。此时，测量人员应松开皮褶，重新按标准的测量程序开始，进而获得测量值。[23]所有的测量都应该在被测者肌肉放松时进行。下文将详细介绍肱三头肌、胸部、肩胛下部、腹部、髂前上部、大腿和小腿的皮褶和测量技术。

实践启示

　　测量人员对于本章详细介绍的测量方案，应该严格遵守。这对于确保测量误差尽可能小是很重要的。在测量过程的每个步骤中产生的误差都会累积并导致总体误差。例如，皮褶厚度的测量程序首先涉及测量位点的确定。测量位点不正确会产生误差。在确定了测量位点后，就需要正确捏起皮褶。捏起皮褶的方法、皮褶厚度仪放置的方法和位置，都需要熟练掌握。此外，测量人员必须正确读取皮褶厚度仪的读数。误差的其他来源包括要为被测者选择正确的公式、购买高质量的皮褶厚度仪及正确地进行计算。通过培训，可以使上述误差来源最小化。

1. 肱三头肌

测量肱三头肌皮褶厚度时，被测者取站立位，手臂自由垂放在身体两侧。测量人员站在被测者的背后，将左手的手掌放在被测者手臂标记的上方，手指指向下方。在手臂后面对应肩峰外侧投影点和尺骨鹰嘴下缘之间的中点处垂直进行测量。测量人员让被测者屈肘90°，用皮尺沿手臂外侧测量上述两点之间的距离（图4.2），将皮尺的零刻度置于肩峰上，沿上臂延伸至肘部以下，在手臂外侧标出中点，然后让被测者伸直并放松手臂，在手臂后侧中线上做第二个标记，与第一个标记平齐。标记应位于皮褶的顶部，测量应在皮褶顶部和底部的中间进行（图4.3）[5,7]。

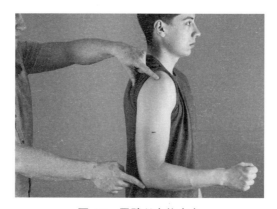

图4.2　屈臂以定位中点

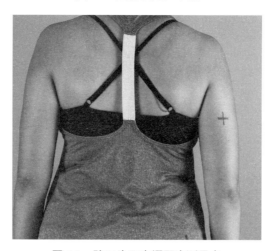

图4.3　肱三头肌皮褶厚度测量点

　　测量人员使用专业的皮褶厚度仪，用拇指施压，打开皮褶厚度仪的钳口，使钳口沿皮褶滑动，大约滑至皮褶顶部和底部的中间位置（图4.4），将皮褶厚度仪垂直于皮褶的长轴放置，逐渐释放拇指施加在皮褶厚度仪上的压力，直到拇指不再施加任何压力为止，此时皮褶厚度仪的钳口在皮褶上逐渐合拢。测量人员应在置于皮褶厚度仪上的拇指释放压力后 2～4 秒读取测量值。如果皮褶厚度仪夹住皮褶的时间较长，将会有体液从皮褶内的组织中流出，并且测量值会变小，导致测量结果不准确。测量完成后，测量人员应打开皮褶厚度仪的钳口，移走皮褶厚度仪，然后左手松开皮褶。未执行此最后步骤可能会导致被测者出现挫伤或撕裂伤[5]。

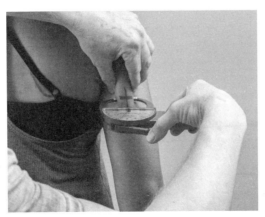

图4.4　测量肱三头肌时捏皮褶的方式和皮褶厚度仪的位置

　2. 胸部

　　胸部皮褶是在腋前襞和乳头[24,25]之间沿自然乳纹的斜褶。对于男性而言，测量人员可以在腋前襞和乳头的中点做标记；对于女性，则在距腋前襞 1/3 处进行标记（图4.5）。被测者站立且手臂自由垂放在身体两侧，测量人员在标记的上外侧 1cm 处提捏起皮褶，同时用皮褶厚度仪在标记处进行测量（图4.6），测量精确到 0.1cm。

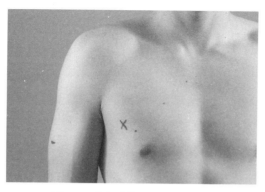

图 4.5　胸部皮褶厚度测量位点

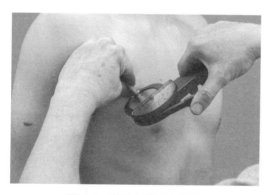

图 4.6　胸部皮褶厚度测量

3. 肩胛下部

　　肩胛下部皮褶位于肩胛骨下角的正下方。它沿皮纹斜向下走形，与水平面大约呈 45°角。被测者站立，手臂自由垂放在身体两侧。为了确定测量位点，测量人员触诊肩胛骨，沿着肩胛骨内侧缘向外下方移动手指，直到确定肩胛骨下角。如果测量人员由于被测者软组织过多而难以找到肩胛骨下角，被测者可以将手臂向后轻轻地放在下背部，使肩胛骨更明显。测量人员在肩胛骨下角正下方的皮纹处做标记，这将是皮褶厚度仪的测量位点（图 4.7）[5]。

　　测量人员在标记的上内侧 1cm 处用拇指和食指提捏起皮褶，记录皮褶厚度，精确到 0.1cm（图 4.8）。

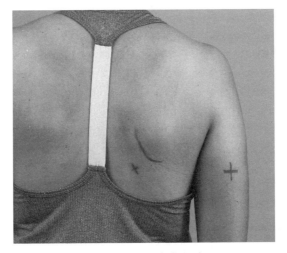

图 4.7 肩胛下部标记点

图 4.8 肩胛下部皮褶厚度测量

4. 腹部

腹部皮褶厚度测量位点在脐中点外侧 3cm 和脐下 1cm 处（图 4.9）。测量人员在测量时，被测者腹壁肌肉放松，正常呼吸。如果与正常呼吸相关的运动影响了测量，则被测者可在呼气末屏住呼吸。被测者以正常姿势站立，身体的重量应均匀分布在双脚上。测量人员在标记的上方 1cm 处用左手拇指和食指垂直[11]或水平提捏起皮褶，测量皮褶厚度，精确到 0.1cm ［图 4.10 （a），图 4.10 （b）］。

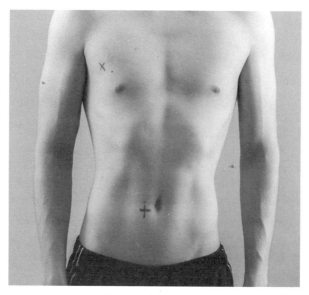

图 4.9　腹部标记点

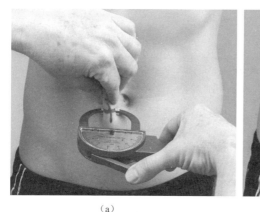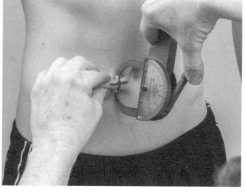

（a）　　　　　　　　　　　　　　　　（b）

图 4.10　腹部皮褶厚度测量：垂直（a）和水平（b）

5. 髂前上部

髂前上部皮褶是从髂嵴前上方沿后上走形至髂前上棘后上方的斜褶，最初是由杰克逊和波洛克[8]定义的（图 4.11）。

被测者以正常姿势站立，双臂自然垂放在身体两侧，双脚并拢，测量人员在腋中线触诊髂嵴，向前下移找到髂前上棘，必要时可将被测者手臂稍外展，以便找到该位点。测量人员沿着皮纹，在两个骨性标志点之间的中点上方做一个标记。该皮褶以约 45°向前下方走形，且标记将与髂嵴平形或稍高于髂嵴。测量人员在标记后1cm 处提捏起斜褶，将皮褶厚度仪置于标记处，记录皮褶厚度，精确到 0.1cm（图4.12）[26]。

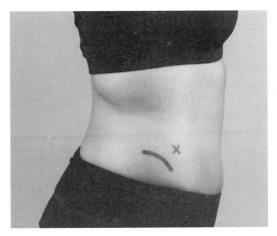

图 4.11　髂前上部标记点

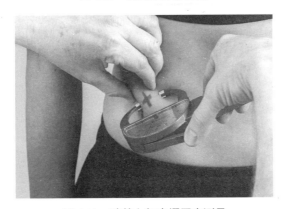

图 4.12　髂前上部皮褶厚度测量

6. 大腿

大腿皮褶厚度测量位点在大腿前部的中线上，位于腹股沟襞与髌骨上缘的中点处（图 4.13）。腹股沟襞可在被测者屈髋时得到定位，然后测量人员让被测者腿伸直以找到髌骨上缘。被测者的腿完全伸展，测量人员测量这两个点之间的距离，并在中点处做标记。

测量人员在被测者站立时测量垂直皮褶，皮褶走形方向与大腿长轴平行。被测者重心完全转移到左脚，而右脚稍向前，平放在地板上，膝关节稍屈，腿部放松。如果被测者难以保持平衡，测量人员应为其提供支撑。测量人员在标记的上方 1cm 处用拇指和食指提捏起皮褶，用皮褶厚度仪在标记处进行测量，精确到 0.1cm（图 4.14）。测量大腿脂肪较多的个体时，可能需要其他手指来帮助完成测量[5]。

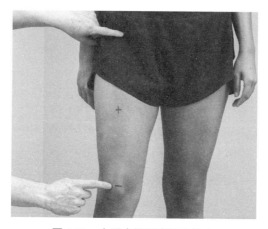

图 4.13　大腿皮褶厚度测量位点

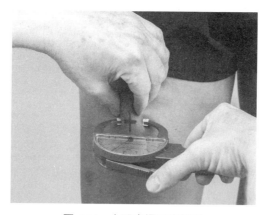

图 4.14　大腿皮褶厚度测量

7. 小腿

小腿皮褶厚度测量位点在小腿内侧最大围度处。被测者取坐位，右腿屈曲约 90°，脚平放在地板上，或者取站立位，右脚放在平台或盒子上，使髋和膝屈曲约 90°。最大小腿围的测量是用一个非弹性皮尺水平绕小腿一周，从小腿近端移动到小腿远端然后返回，从而确定最大围度。测量人员在被测者小腿内侧最大围度处做一个标记（图 4.15），站在被测者前方，在标记的上方 1cm 处提捏起皮褶，皮褶走形方向与小腿长轴平行（图 4.16）。测量人员在标记处测量皮褶厚度，精确到 0.1cm[5,7]。

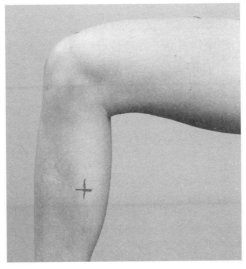

图 4.15　小腿皮褶厚度测量位点

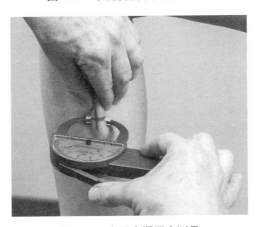

图 4.16　小腿皮褶厚度测量

二、围度测量法

身体围度测量是指在特定身体部位进行的围度测量，可提供有关身体成分和营养状况的信息。围度不但与心血管代谢状况有关，还与体重和脂肪堆积有关。在过去几十年中，超过 17 处围度测量部位被用于估算身体脂肪的公式中[27]。

尽管许多研究已经使用围度来评估骨骼肌重量和脂肪分布，但是其可重复性和评价者信度对研究人员和测量人员造成了挑战。特别注意被测者的体位、使用解剖标志物定位测量位点、使皮尺紧贴被测者皮肤但不施加压力、读数以毫米为单位及保持皮尺与所测身体区域的长轴为 90°，可以提高测量的可重复性。对于常规的围度测量，训练有素的测量人员与专家的误差应在 2% 以内[5,28]。围度测量应在身体的右侧进行，测量人员对每个围度测量 3 次，测得的最大值与最小值差异应在 3% 以内。如果超过这个范围，则应重新测量 3 次。

（一）围度测量技术及测量部位

在每个特定的围度测量中，皮尺放置的位置对于准确测量是很重要的。测量人员在测量每个围度时，皮尺环绕一周所形成的平面应与所测身体区域的长轴垂直；测量被测者在直立情况下的围度（如腰围和臀围）时，皮尺的平面应与地板平行。

测量人员施加在皮尺上的力会影响测量的信度和效度。推荐使用 Gulick II 皮尺，因为它的张力会保持一致，每次均为 0.11kg。如果测量人员没有带张力装置的皮尺，则应使皮尺紧贴所测量的身体部位，但不要过紧，以防压迫皮下脂肪组织。对于臂围，测量时皮尺与某些个体的皮肤之间可能有缝隙。如果缝隙很大，测量人员则应在数据记录表上备注一下，但在大多数情况下，缝隙很小，几乎不用担心。不推荐通过增加皮尺的张力来减小缝隙。以下关于上臂、前臂、腰、臀、大腿和小腿围度的描述引自《人体测量标准化参考手册》[5]中的附录 B。

1. 上臂围

测量上臂围时，应让被测者右臂自然垂放在体侧，右手掌心向内。测量人员将皮尺缠绕在之前测量的中点标记处的上臂上（图 4.3）。皮尺的零刻度端置于测量人员的右手；将皮尺水平环绕被测部位后，双手交换，使皮尺的零刻度端换到测量人员的左手，而皮尺的另一端在右手，或双手交叉使皮尺重叠；用左手轻拉皮尺直至达到适当的张力；固定好皮尺并记录测量结果，精确到 0.1cm（图 4.17）。

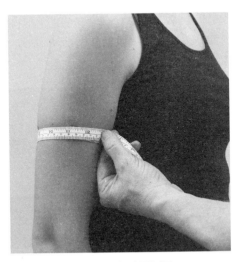

图 4.17　上臂围测量

2. 前臂围

测量人员测量前臂围时，应让被测者手臂远离躯干垂放，前臂旋前（图 4.18），

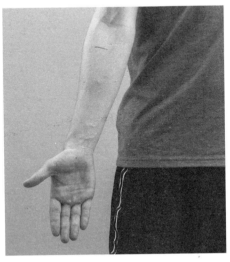

图 4.18　前臂围测量

皮尺与前臂长轴呈垂直摆放；将皮尺紧贴皮肤，在前臂近端的最大围度处环绕一周。皮尺零刻度端置于测量人员的右手。一旦皮尺完成对前臂的环绕，双手交换使皮尺的零刻度端换到测量人员的左手，而皮尺的另一端在右手，或双手交叉使皮尺重叠；用左手轻拉皮尺直至达到适当的张力；固定好皮尺并记录测量结果，精确到 0.1cm（图 4.19）。

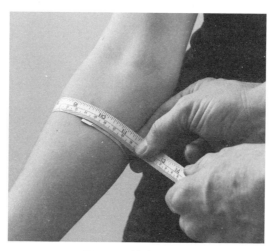

图 4.19　前臂围测量

3. 腰围

研究显示，腰围和腰臀比与代谢和心血管疾病有关。腰围或通过测量腰围反映的腹部内脏脂肪与心血管疾病危险因素之间有显著的相关性。腰围与超声测得的腹部内脏脂肪在确定是否有 3 种及以上心血管疾病危险因素聚集时具有相似的敏感度和特异性[29]。大多数研究都是在成年人中完成的，但是腰围也是一种简单而有效的判断儿童和青少年向心性肥胖的方法。这一点很重要，因为儿童和青少年是不断生长发育的[30]。

目前尚无对腰围和腹围测量的标准化描述。王等人[31]完成了一项研究，以评估身体这一区域四个常用解剖部位（肋弓下缘、腰部最细处、肋弓下缘与髂嵴的中点及髂嵴上方）的测量方案中哪一个具有更高的信度。结果显示，上述四个部位均具有较高的信度，并且所有部位的测量结果都与使用双能 X 射线吸收法测得的全身脂肪和躯干脂肪相似。根据王的研究结果，由于腰部最细处的腰围易测，我们已将该位置用于所有的腰围测量。由于上述四个部位测量的绝对值之间存在系统差异，因此测量人员需要进行相关的培训以使精确测量方案能有效实施。

埃利奥特（Elliott）[32]为腰围测量的教学开发了一个基于计算机的教程，并在训练有素的专家和测量人员之间发现了良好的一致性。卡兰萨（Carranza）等人[33]采用不同的方案未能获得有效的自测腰围。

被测者脱去衬衣更易于腰围测量，或者另一位测量人员可以将被测者的上衣掀起，以便在测量时使皮尺紧贴皮肤。另外，被测者可能需要将裤腰推低一些。被测者应直立，双脚并拢，腹部放松。测量人员站在被测者的后面，找到腰部最细处。随后测量人员站到被测者的前面开始测量。此时被测者抬起手臂，测量人员将皮尺在腰部最细处环绕一周，右手握住皮尺的零刻度端，左手握住皮尺的其余部分。环绕完成后，被测者双臂即可放松，自然下垂。测量人员要确保皮尺在同一水平面均匀地贴在身体上，并且没有夹带衣服。让另一位测量人员检查以确保皮尺水平是很有必要的。随后，测量人员将皮尺的零刻度端换到左手，其余部分换到右手，或双手交叉使皮尺重叠；左手轻拉皮尺直至达到适当的张力；右手固定好皮尺，记录测量结果，精确到 0.1cm（图 4.20）[5]。

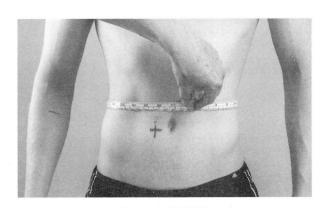

图 4.20　腰围测量

4. 臀围

测量臀围时，被测者最好只穿非拘束内衣（即不穿连裤袜、束腰紧身衣、弹力裤等），或在内衣外面套一件薄罩衫。被测者直立，双臂自然垂放在体侧，双脚并拢。身体的重量应均匀分布在双脚上。测量人员或蹲或跪在被测者的右侧，找到臀部的最宽处，右手握住皮尺的零刻度端，将皮尺在水平面上环绕臀部一周。环绕完成后，测量人员将皮尺的零刻度端换到左手，其余部分换到右手，左手轻拉皮尺直至达到适当的张力（图 4.21），右手固定好皮尺，记录测量结果，精确到 0.1cm。

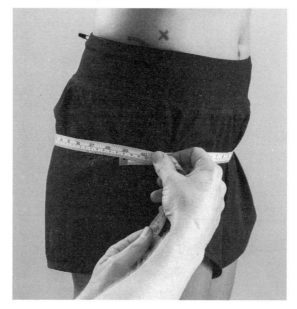

图 4.21　臀围测量

5. 大腿围

测量大腿围时，被测者取站立位，将右腿放在左腿前面，并将重心放在左腿上。测量人员应向被测者演示这种姿势。测量人员或蹲或跪在被测者的右侧，右手握住皮尺的零刻度端，将皮尺放在大腿中部标记处（图 4.13），然后环绕大腿一周。确保皮尺垂直于大腿的长轴，而不是垂直于地板。环绕完成后，测量人员将皮尺的零刻度端换到左手，其余部分换到右手，左手轻拉皮尺直至达到适当的张力（图 4.22），用右手固定好皮尺，记录测量结果，精确到 0.1cm[5]。

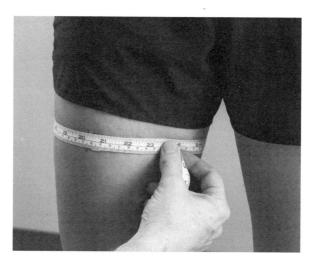

图 4.22　大腿围测量

6. 小腿围

测量小腿围时，被测者坐在桌边，小腿自然下垂，并与大腿呈 90° 角，或者取站立位，重心放在左腿上，右脚放在平台上，使髋和膝屈曲约 90°。测量人员右手握住皮尺的零刻度端，将皮尺放在小腿标记处（图 4.15），环绕小腿一周，确保皮尺垂直于小腿的长轴。环绕完成后，测量人员将皮尺的零刻度端换到左手，其余部分换到右手，左手轻拉皮尺，直至达到适当的张力，右手固定好皮尺，记录测量结果，精确到 0.1cm[5,28]（图 4.23）。

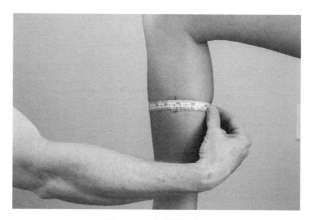

图 4.23　小腿围测量

（二）通过围度评估身体脂肪

围度测量法已被用作检测肥胖的独立测量方法,或与皮褶厚度法结合起来评估身体成分。腰围通常用于评估腹部肥胖,它是内脏脂肪组织的良好预测因子,在一项研究中,它占方差的 65%[34]。然而,布沙尔（Bouchard）[35]指出,体重指数（BMI）、脂肪重量（FM）和腰围与内脏脂肪的相关性相同,而且腰围与总脂肪的相关性比与内脏脂肪的相关性更高。

围度也可以有效地评估儿童的身体脂肪和去脂体重的情况。研究显示,围度公式可以解释 55%～83%儿童和青少年身体脂肪和去脂体重估算值的差异。最常用的围度是腹围、臂围、腰围、小腿围和前臂围[36,37]。成年人围度与身体脂肪之间的关联类似于皮褶厚度与身体脂肪之间的关联,估计标准误为 3%～4%[1]。

腰围、臀围和腰臀比是心血管疾病（Cardiovascular Disease,CVD）发病风险重要的预测因子[38,39]。一项以 4487 名 20～69 岁无心脏病、糖尿病或中风的女性为对象的研究发现,腰围和腰臀比是 CVD 发病风险的重要独立预测因子[39]。在非肥胖女性中,研究显示臀围的增加可显著降低 CVD 的发病风险[40,41]。综合考虑（但不是作为一个比率指标）,腰围和臀围也可用于改进 CVD 和其他疾病预后的风险预测模型[38],而腰围常被推荐单独使用。

目前,使用围度公式来评估身体脂肪已取得不同程度的成功。一些研究报告指出,与其他现场评估方法相比,围度公式更为有效[36,42],而其他研究则表明围度公式的精度和准确性较低[43,44]。尽管其中一些预测公式中的估计标准误是允许的,但研究者获得的结果并不一致。许多围度公式尚未经过交叉验证,而且是以同质性群体为基础被研发出来的,这也限制了其在其他群体中的使用。

据报道,由卡契（Katch）[45]研发的旨在评估女性大学生身体脂肪的围度公式的测量误差为 2.5%～4%（体脂百分比）。该公式没有进行交叉验证,并且似乎最适用于体脂含量为 20%～30%的个体,因为消瘦和肥胖个体的预测误差会增加[45-48]。当将围度与皮褶厚度一起纳入公式来预测身体脂肪时,一些研究者发现预测误差减小了[49],而其他研究者发现它们并不能提供额外的信息[50]。

三、生物电阻抗法

生物电阻抗法（BIA）是一种身体成分分析方法，可根据组织的电学特性估算体脂百分比、体重和身体总水量。该原理早在 1871 年就被发现，到 20 世纪 70 年代，BIA 的基础得以确立，包括电阻抗和身体成分之间的关系。20 世纪 80 年代，各种单频 BIA 分析仪被投入商业使用。

生物电阻抗法基于导体体积与它的长度（L）和阻抗（Z）有关这一原理。导体的阻抗受导体的电阻率和体积的影响。对于人体来说，电流的导体是去脂体重，或者更具体地说，是身体总水量。因此，导体（去脂体重）体积的预测公式如下：

$$V=p\ (L^2/Z) \tag{4.1}$$

其中：V 为体积；p 为去脂体重的电阻率，或机体内水的电阻率；L 为导体长度；Z 为导体的阻抗。

其中，阻抗是身体电阻（R）与电抗（Xc）之和，相应公式如下：

$$Z=\sqrt{R^2+Xc^2} \tag{4.2}$$

因为 Xc 远小于 R，

$$Z\approx R \tag{4.3}$$

所以可以根据长度和电阻计算导体的体积：

$$V=p\ (L^2/R) \tag{4.4}$$

BIA 是一种实用的身体成分评估方法，与人体测量学相似，因为它安全、经济、可移动、方便且易于使用。在该方法中，先让一个极低强度的电流通过身体，然后测量电流的电抗和电阻（电阻抗）。BIA 是基于组织间的导电性差异（电阻率）进行测量的，因为含水量大的组织（如瘦体组织）比那些含水量小的组织（如脂肪组织）具有更小的阻抗[51,52]。利用 BIA 对身体成分的评估依赖于一个假设，即水在去脂体重中的比例是已知的，并且是恒定的。该方法还假设机体是一个围度均匀的圆柱体。

尽管 BIA 是公认的评估身体成分的现场方法，但在可接受的测量准确度方面不同的研究有很大差异。BIA 设备的准确性主要取决于身体的水合状态。同样，正确放置电极也很重要。脱水是影响 BIA 测量的公认因素，因为它会导致人体电阻增加，由此导致去脂体重被低估，身体脂肪被高估[51]。因此，该技术的测量准确度与研究方案中被测者正常水合状态的确保有关。

利用 BIA 来测量身体总水量并以此测量含水量可追溯到几年前，并且在这方面许多新进展正不断出现。体液评估是通过 BIA 的电阻和阻抗测量来确定的，如果身体电解质状态和水合状态正常，则其与身体总水量成正比。BIA 的科学性基于两个关键概念：人体中含有水和导电电解质，且几何系统的阻抗与导体长度、横截面积和信号频率有关。当电流通过人体时，含有水分的细胞就会传导电流。水既存在于细胞内，即细胞内液（Intracellular Fluid，ICF），也存在于细胞外，即细胞外液（Extracellular Fluid，ECF）。在低频下，电流可从细胞外液通过而不能穿透细胞膜。但是在高频下，电流同时通过细胞内液和细胞外液。基于这些概念，阻抗的值可以由通过人体的固定强度电流计算得出，该电流与体液的量成反比。通过适当选择信号频率，细胞外液或总体液测定具有特异性。

洛曼[1]的综述详细介绍了关于 BIA 和身体成分的早期研究（1985—1990 年）。库什纳（Kushner）和舍勒[53]、戴维斯（Davies）等人[54]和斯科尔斯（Schols）等人[55]的研究发现，预测身体水分时，估计标准误为 0.96～1.8kg。范洛恩（Van Loan）和梅克林（Mayclin）[56]与范洛恩等人[57]的预测值更高，估计标准误为 3.2kg。在对这项研究的回顾性分析中，洛曼观察到较低的预测误差与使用质谱法而非红外光谱法更准确地测量人体水分有关[1]。

瓦尔哈拉（Valhalla）的研究旨在确定当六个实验室遵循同一个设计精良的方案时，BIA 对体脂百分比和去脂体重的评估结果是否与皮褶厚度法相似[1]。结果表明，应用 BIA 评估去脂体重，男性的估计标准误为 2.9kg（3.7%），女性为 2.1kg（3.5%），而使用组合样本的皮褶厚度法也出现了类似的结果。因此，研究者得出结论，之前研究中的许多差异是方案和测量精度的方法学差异引起的，因此一些研究者发现皮褶厚度法更好（有较低的估计标准误），而另一些研究者发现 BIA 的估计标准误较低。

实践启示

　　估计标准误总是以被测变量的度量单位表示。我们在本章开始部分，给出了体脂百分比可接受的估计标准误，但是这些研究的重点是以千克为单位的去脂体重。去脂体重可接受的估计标准误单位为千克（kg），男性为 3.5kg，女性为 2.8kg；估计标准误最好在 2.5kg 左右。如果估计标准误大于上述数值，则意味着该方法产生的误差太大，无法作为可接受的身体成分现场方法。产品制造商希望你认可其产品的准确度，但是唯一的了解产品准确度的方法是查看验证报告，该报告会提供其产品与四组分模型进行比较的估计标准误。

　　生物电阻抗频谱法（Bioimpedance Spectroscopy，BIS）是在 256 个不同的频率下进行测量，并使用数学模型来计算零频率和无限频率下的电阻（Rinf）的方法。这些值被用于推导去脂体重和脂肪重量。确定零频率处的阻抗是非常重要的，因为这个值仅代表细胞外液的阻抗，而确定 Rinf 就可以可靠地预测身体总水量[58]。

　　BIS 已被用于含水量不足或水过多的测量，这在许多疾病状态和医疗行业中都是常见的。相角，也就是电阻与电抗之间关系的斜率，可以通过计算获得。电阻和电抗也是电流通过人体的两个特征[51]。使用 BIS 测量的多重频率反映了细胞内和细胞外容量，这与水合状态有关。

　　与双能 X 射线吸收法和四组分模型相比，多频 BIA（Multi-frequency BIA，MF-BIA）和单频 BIA（Single-frequency BIA，SF-BIA）都可以准确评估体重减轻后身体成分的变化，但与单频 BIA 相比，多频 BIA 对身体成分提供了更好的横断面评估。足-足（如基于比例的 BIA 系统）和手-足（基于比例的手柄系统）BIA 与双能 X 射线吸收法和磁共振成像相比，在评估个体的全身体成分时，前者的一致性低于四电极和八电极 BIA 系统[59]。

　　应用 BIA 需要准确测量身高，因为流动阻抗受导体长度的影响。因此，身高-阻抗指数被用于许多 BIA 的预测公式中。预测公式通常包括年龄和性别，一些类型的 BIA 也使用身体活动水平的评估（见第七章）。一般来说，身高/阻力^{2}是预测去脂体重和身体总水量的最佳单因素。其他常用的人体测量学变量的加入仅能略微改善预测[60]。此外，许多用于预测身体成分的 BIA 公式已被发表。为了获得更准确的结果，需要为被测人群选择正确的公式（见第七章）。电阻抗仪器包括单频BIA（图4.24）。

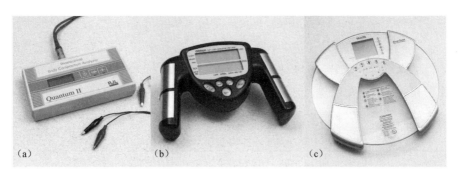

图 4.24　单频 BIA：（a）手–足四电极仪，（b）臂–臂仪，（c）腿–腿仪

单频 BIA 的频率一般为 50kHz。在这个频率下，电流同时通过细胞内液和细胞外液，由此可以计算获得身体总水量（图 4.25）。然而，由于电流同时通过细胞内和细胞外空间，因而无法确定细胞内液和细胞外液的变化。单频 BIA 依靠预测公式和算法来计算身体总水量和去脂体重。单一的算法并不适用于所有的被测者，因为相关人员在研发公式时没有考虑所有的人群。臂–臂单频 BIA 被发现低估了男性和女性的身体脂肪，但是这些程序经过校正后可以有效地评估身体脂肪[61]。在本章中，我们主要关注儿童和成年人。在第七章我们将探讨不同的人群，包括儿童和运动员，以及一般人群中的种族和民族差异[58]。

图 4.25　臂–臂仪测量

在 20 世纪 90 年代末，努涅斯（Nunez）等人[59]评估了 50kHz 的腿–腿单频
BIA 系统预测身体成分的准确性。该系统结合一个电子体重计，采用不锈钢压
力接触式脚垫电极测量站立阻抗和体重，对健康的成年人进行了电极效度和身
体成分评价潜力的评估。压力接触式脚垫电极测得的阻抗与常规凝胶电极在双
下肢足底表面测得的阻抗高度相关。然而，压力接触式电极的平均阻抗系统地
提高了约 15Ω。腿–腿压力接触式电极 BIA 系统具有类似于常规的臂–腿凝胶电
极 BIA 的阻抗测量和身体成分分析的整体性能特征，并具有高速和易于测量的
优点（图 4.26）。

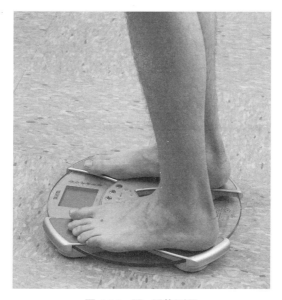

图 4.26　腿–腿仪测量

相关人员以 114 名年龄在 18～50 岁的男性和女性为对象，进行了四电极（手–
足）阻抗法（图 4.27）的效度评估，结果显示，其适用去脂体重（34～96kg）和体
脂百分比（4%～41%）的范围很广。男性和女性回归方程的回归系数没有显著性
差异。该研究的结果表明，四电极阻抗法是一种有效而且可靠的方法，可用于稳态
条件下健康人群身体成分的现场评估[51]。

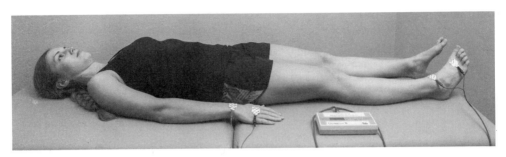

图 4.27　手–足四电极仪测量

博瑟–韦斯特法尔（Bosy–Westphal）等人[62]使用八电极分段多频 BIA 预测身体成分获得了良好的结果（图 4.28）。在这项设计精良的研究中，四组分模型被用作参考方法，他们发现，仅用全身阻力指数（Ht^2/R_{50}）预测去脂体重，估计标准误

图 4.28　八电极多频 BIA 系统

为 3.2kg，对电抗、躯干阻力指数、体重、性别和年龄等变量进行多元回归分析后，估计标准误降至 1.9kg。同样，对几个变量（包括总躯干指数和躯干电抗指数）进行多元回归分析后，预测身体水分的估计标准误从 2.3kg 降至 1.4kg。这种考虑躯干电阻的方法提高了 BIA 的实用性，意味着八电极分段多频法比单频 BIA 具有更低的估计标准误，可被归类为实验室方法[63-65]。

　　当前，有几种不同的 BIA 仪器，从单频 BIA 系统的手-足四电极仪到多频 BIA 系统的八电极仪，不同的仪器采用不同的程序。此外，还有 BIS 测量系统（图 4.29），它通过阻抗法分析了大电流频率范围[66]内的整个电阻谱[67]。

图 4.29　BIS 测量系统

　　凯尔（Kyle）及其同事[68,69]发表了一篇关于使用不同 BIA 仪器进行 BIA 评估的优秀指导论文。他们总结了从 1985—2003 年以健康成年人为对象的一些设计精良的研究，并对预测误差进行了总结。他们的研究表明，与单频 BIA 全身分析相比，分段分析和多频 BIA 会得出更准确的身体成分公式。

　　BIA 和皮褶厚度法已被用于国家调查和大型临床试验，以评估身体成分及其变化。1994 年，由美国国立卫生研究院（National Institutes of Health）主办的共识会议——身体成分测量中的生物电阻抗法——得出的结论是，在大多数情况下，BIA 都能提供可靠的身体总水量估算值[70]。一项临床试验使用皮褶厚度法和 BIA 评估身体成分的变化，研究了 20 所对照学校的 663 名儿童和 21 所干预学校的 705 名儿童 3 年体脂百分比的变化，对于男孩，采用 BIA 测得的体脂百分比变化量为 5.8%±5.0%，采用皮褶厚度法测得的变化量为 6.3%±3.9%。对于女孩，出现了相似的结果，采用 BIA 测得的变化量为 6.0%±4.5%，采用皮褶厚度法测得的变化量为 6.1%±3.3%[71]。图 4.30（a）和 4.30（b）分别显示了 BIA 和皮褶厚度法测量结果的散点图。这些点表明，皮褶厚度法检测体脂百分比变化的变异性要小得多。

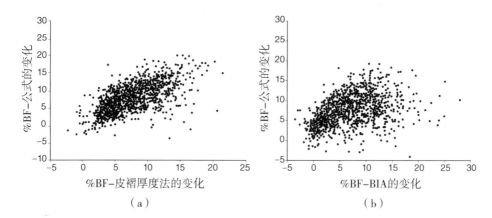

图 4.30 根据皮褶厚度法（a）和 BIA（b）估算男孩和女孩体脂百分比（%BF）的散点图
资料来源：经许可，转载自 T. Lohman et al.，"Indices of Changes in Adiposity in American Indian Children，" Preventative Medicine 37 Suppl 1（2003）：S91–96.

伊莱亚（Elia）[72]综述了 1990—2010 年使用 BIA 进行的研究，得出的结论是 BIA 相对于仅根据身高和体重估算身体成分没有显示出一贯的优势。这一结论与经验丰富的研究人员对设计精良的方案进行回顾性研究时的发现有很大的不同。

BIA 身体成分评估程序的优化、标准化至关重要。在进行 BIA 身体成分评估时，应采用以下条件以获得最佳结果。

（1）被测者在研究前的 8 小时内不应进行运动或蒸桑拿。

（2）被测者应避免在研究前 12 小时内饮酒。

（3）被测者的身高和体重应被准确地测量和记录。

（4）被测者应在整个测量过程中安静地躺着或站立。

（5）在卧式 BIA 测试中，被测者应脱下鞋袜，平躺至少 10 分钟，手臂与躯干呈 30°角，双腿分开。

（6）如果被测者皮肤干燥或涂有化妆品，应用酒精清洁电极部位。

（7）被测者在测量前的 4 小时内不能进食或饮水。

（8）被测者应在测量前 30 分钟内排尿。

（9）被测者不应在测量前 7 天内服用利尿剂。

（10）女性被测者如果在月经周期中感到体内有水分堆积，不应接受测试[7]。

（11）测量应在适宜环境温度（如 22.2℃～29.4℃）下进行，被测者在该温度条件下休息 15～20 分钟，皮肤温度稳定后接受测量。

总之，将 BIA 用于去脂体重和身体脂肪评估时，建议如下：

（1）在健康成年人中，对于单频 BIA 公式必须通过身体成分参考方法在研究人群（例如，种族、年龄、性别）中进行验证。

（2）分段多频 BIA 可以为不同人群提供更准确和通用的 BIA 公式。

（3）测量人员的培训应包括如何使用 BIA 设备，以及如何正确监控可能影响被测者含水量的因素。

（4）任何 BIA 或 BIS 制造商都应提供他们的仪器在估算身体总水量、去脂体重或体脂百分比方面的估计标准误，这在输出结果中没有提供电阻和电抗值时尤为重要。应当避免使用具有较高估计标准误的仪器及使用专有公式而不允许用户自己选择公式的仪器。

（5）在水合状态正常的被测者中，如果遵循一致的方案，可以通过 BIA 评估去脂体重和身体脂肪的纵向变化。同样，必须使用相同的 BIA 仪器进行重复测量，因为电阻在不同的 BIA 仪器之间可能会不同。

四、应用体重和身高等指标评估身体成分

当前许多身体指标都被用于评估身体成分，并且很多人都选择使用它们。这些指标通常包括身高、体重、腰围和臀围。它们是在使用双组分模型（身体脂肪和去脂体重）评估身体脂肪时产生的，未考虑构成人体去脂体重的各个组成成分。研究人员用它们来代替更精确的身体脂肪测量仪器，因为它们更容易获得，也更便宜。它们的测量简单性以及与已建立的身体脂肪测量的概念关系导致了关于其效度的疑问[73,74]。最常用于评估肥胖的身体指标包括体重指数（BMI）、腰围、身体肥胖指数（Body Adiposity Index，BAI）[75]、体型指数（A Body Shape Index，ABSI）[76]，

以及基于几何的指标，即身体圆度指数（Body Roundness Index，BRI）[77]。下面将分别介绍各个指标。一般来说，上述指标预测体脂百分比时的估计标准误≥5%。

（一）体重指数

体重指数（BMI）是一种基于个体体重和身高的相对体重指标。BMI 是由阿波·托莱（Apolphe Quetelet）在 1830—1850 年间研发出来的。它是个体的体重除以身高的平方（kg/m²）（公式 4.5）。BMI 是最常用的评估超重和肥胖的现场方法之一。由于计算 BMI 只需要身高和体重，因此它易于获得，更易于被临床医生和公众使用。BMI 可以让人们将自己的体重状况与一般人群进行比较[78]。目前，相关人员已制定了对成年人体重超重（BMI 为 25～30）和肥胖（BMI>30）进行评估的通用指南[78]。但使用 BMI 来评估肥胖和健康风险一直受到质疑，因为它无法解释体形，也无法将脂肪重量与瘦体组织和骨组织区分开来。与个体肥胖状况相比，BMI 可用于衡量特殊人群的平均肥胖状况。因此，对于个人而言，BMI 应该被视为身体肥胖状态的粗略指南[78-80]，因为其肥胖分类的典型估计标准误是 5%，远大于皮褶厚度法或生物电阻抗法。

$$BMI = 体重/身高^2 \qquad (4.5)$$

（二）腰围

在预测肥胖风险时，腰围已成为 BMI 的主要补充指标。多项研究发现，腰围预测死亡风险优于 BMI。一份世界卫生组织（World Health Organization，WHO）的报告总结了腰围作为疾病风险指标的证据，并建议可以用腰围替代 BMI[81]。事实上，腰围与 BMI 高度相关，同为流行病学危险因素指标，在某种程度上很难将两者区分开。

（三）身体肥胖指数

身体肥胖指数（BAI）以臀围和身高（单位均为 cm）为基础（公式 4.6），并被认为是身体脂肪的预测因子，无须进一步校正性别、种族或年龄。然而，BAI 并没有提供一致的身体脂肪测量方法。在一项以 1151 名成年人为对象的研究中，研究者通过双能 X 射线吸收法、BAI、BMI 以及腰围和臀围估算他们的身体成分，得出的结论是 BAI 作为肥胖的指标，可能会导致对体脂百分比的估计出现偏差，误差因性别和身体脂肪水平而异[82,83]。伯格曼（Bergman）等人[75]的研究显示，BAI 与体脂百分比之间不是线性关系，男女之间存在不同的曲线关系[83]。此外，BAI 在预测慢性病（包括脑血管疾病）方面不如其他肥胖评估指标有效[84]。

$$BAI=（臀围/身高^{1.5}）-18 \tag{4.6}$$

（四）体型指数

据报道，超重和肥胖已经成为社会上的普遍现象，许多人试图确定肥胖评估的准确性，以及肥胖对社会的影响。虽然 BMI 是世界范围内最常用于评估肥胖的基本手段，但就像人们对 BMI 作为预测肥胖及相关慢性健康问题指标的效度表示怀疑一样，体型指数的效度也遭到质疑。BMI 无法区分肌肉增长和脂肪堆积。有证据表明，较高的脂肪重量与较大的过早死亡风险相关，而较高的肌肉重量则降低了这一风险。为了更准确地评估肥胖和超重，研究者基于腰围（单位为 m）、BMI、身高（单位为 m），并利用性别公式，研发了体型指数（ABSI）。ABSI 是一个很好用的指标，而且纳入了 BMI 没有纳入的因素，因此是一个更有效的超重和肥胖评估指标[76]。然而，一项研究比较了评估肥胖的人体测量学指标，发现在各种心脏代谢风险指标中，ABSI 显示出最弱的相关性和最小的曲线下面积。相关人员指出，ABSI 与腹部脂肪组织显著相关，而且似乎比腰围和 BMI 与过早死亡的相关性更高。ABSI 是脑血管疾病风险和代谢综合征的弱预测因子。与 BMI 相比，ABSI 与高血压和脑血管疾病的相关性较低，是一项较弱的指标[76]。

ABSI 因性别而异，因此应使用两个公式对其进行计算：

$$女性：腰围/BMI^{3/5}×身高^{1/5} \tag{4.7}$$
$$男性：腰围/BMI^{2/3}×身高^{1/2} \tag{4.8}$$

（五）身体圆度指数

基于上述提到的局限性，相关人员建议用一些其他指标来代替 BMI 和腰围作为肥胖和相关慢性病的人体测量学评估指标。身体圆度指数（BRI）[85]就是这样一个指标。该指标旨在将 BMI 尚未充分解决的肥胖表型和风险评估的两个主要概念结合在一起，使用人体测量法预测全身体脂百分比和内脏脂肪组织百分比[86]（公式4.9）。为了完成这项任务，研究人员把人体看作一个椭圆，以获取身体围度（单位为 m）与身高（单位为 m）的关系（身体圆度），其中围度是指腰围和臀围。1609年，德国天文学家约翰尼斯·开普勒（Johannes Kepler）首次提出了行星轨道圆度的量化方法，椭圆的圆度以一个称为偏心率的无量纲值为特征[77]。2012 年 1 月至2013 年 8 月，研究者在中国东北农村地区开展了一项横断面研究，共有 5253 名男性和 6092 名女性参与其中，其中 1182 名被测者（10.4%）为糖尿病患者。结果显示，在预测糖尿病方面，体型指数和身体圆度指数并不优于 BMI、腰围或腰臀比[87]。体型指数显示出最弱的预测能力，而身体圆度指数则显示出在糖尿病评估中作为替代肥胖测量方法的潜力。

$$BRI = 364.2 - 365.5 \times \{1 - [（腰围/2\pi）/（0.5 \times 身高）]\}^{20.5} \qquad (4.9)$$

五、总结

与超重和肥胖相关的健康风险需要一个简单、价廉和有效的身体成分评估方案。本章综述了皮褶厚度法、围度测量法、生物电阻抗法和应用身高、体重等指标评估身体成分的方法的准确性和实用性。BMI 和腰围虽然测量起来很简单，但对个体肥胖的评估有一定的局限性。也有证据表明 BMI 和其他身高−体重指标不足以反映运动员人群的身体脂肪状况[88]。与身高和体重等指标相比，皮褶厚度法、围度测量法和生物电阻抗法都能更准确地评估身体脂肪。相关人员通过认真接受培训、使用标准化方案和经过交叉验证的公式，可以利用以上评估方法测量全身体脂百分比，误差为±（3%～4%），使其成为对个体和群体都有效的身体成分评估方法。

（张培珍主译）

第五章 测量误差的评估

文森·李,硕士（Vinson Lee,MS）

莱斯利·杰尔姆·布兰登,博士,美国运动医学学会资深会员（Leslie Jerome Brandon,PhD,FACSM）

蒂莫西·G. 洛曼,博士（Timothy G. Lohman,PhD）

学习目标

通过本章的学习,你将掌握以下内容:

- 测量误差的类型
- 测量误差的构成
- 精度及其与误差的关系
- 测量者内变异和测量者间变异导致的误差
- 如何计算测量的绝对和相对技术误差
- 身体成分测量方法对测量误差的影响

进行身体成分评估时，确保尽可能高的测量准确度至关重要。评估身体成分的过程有很多步骤，每个步骤都可能会出现技术、系统和程序误差，因此需要精确的方案和细致的技术来获得最佳的测量结果，并尽可能减少误差。两本主要的出版物《人体测量标准化参考手册》[1]和《人体身体成分》[2]提供了人体测量和多种身体成分测量的标准化程序，以便在身体成分测量方面能达成更高的一致性。

一般而言，当前的技术和专家的测量技能有助于获得高精度的评估。第一章中已经给出了精度的定义，它是指在相同条件下，对同一被测者进行相同测量所产生的结果的一致程度（也称再现性或可重复性）。高精度意味着多次测量结果的低变异性。为了获得高精度，必须识别和控制评估误差[3]。

一、测量误差的类型

测量误差有很多种，接下来我们将介绍系统误差和随机误差、测量者内变异和测量者间变异、测量的绝对和相对技术误差。

（一）系统误差和随机误差

系统误差的特点是测量结果向着一个方向产生偏倚，导致测量值始终高于或低于实际值。所有测量都容易出现系统误差，通常是不同类型的误差。系统误差的来源可能是测量仪器的校准不完善、环境的变化（干扰测量过程）及测量方案或方法不完善。比如，当对腰围进行测量时使用了不同的测量方案，会导致结果一致性的偏高或偏低。通过确保所有设备均已正确校准并使用标准化方案进行精细测量，可以减少系统误差。

随机误差是由于测量过程的不可预测性（不确定性）和被测变量的差异而引起的误差。这些误差围绕真实值波动，与系统误差不同，是不可避免的。通过重复测量可以减少随机误差。系统误差和随机误差在随后讨论的误差里是不可避免的。

实践启示

　　系统误差和随机误差是需要重点理解的两个概念。当在测量中引入偏倚时会发生系统误差，导致其始终高于或低于实际值。例如，当测量人员误将皮褶厚度仪上的刻度认为每条线等于2cm，而每条线实际上等于1cm。随机误差发生偏高或偏低的概率相同，并且不会引起一致性的测量偏倚。更好的培训和更多的实践可以减少两种误差的产生。建议将测量结果与经过培训的专业人士的测量结果进行验证，以确保评估准确无误。

（二）测量者内变异和测量者间变异

　　测量者内变异是指由同一研究人员与同一被测者在使用相同设备和相同技术完成相同评估时产生的误差。这些误差的评估可以从两个方面进行：同一天（一天之内）的重复评估和两天之间（日间）的评估。当在不同的日期进行评估时，其他产生差异的来源（如被测者的水合状态）可能会导致测量者内测量误差，而当在同一天内进行重复评估时，产生误差的因素将减少。

　　测量者间变异是一种用于评估研究者之间一致程度的方法。误差数值表明了研究人员之间的一致性程度，通常被称为测量的客观性。评估测量者间变异是必要的，因为不同的研究者通常会产生特定的测量误差，这些是无法通过提高测量的精度避免的。没有经验的研究人员进行身体成分测量时尤其如此。为了更好地理解和有效地比较世界各地不同研究实验室的身体成分评估，需要将程序标准化以得到最小的误差。

　　对于给定的身体成分测量方法，遵循标准化方案能得到可接受的测量者内变异和测量者间变异。

（三）测量的绝对和相对技术误差

　　测量技术误差（Technical Error of Measurement，TEM）可用于评估测量结果的精度。测量技术误差包括系统误差和随机误差。总 TEM 或绝对 TEM 以测量变量的标准单位报告，相对 TEM 以百分比报告。使用重复测量（两次或三次重复）

的平均值可以减少由操作不准确（测量者误差）引起的随机误差，但不能减少由于测量仪器的不正确校准或其他来源的系统偏倚（如测量技术的变化）而引起的系统误差。如同在第一章所介绍的，绝对 TEM 是从很多观察和实践中得出的，公式如下：

$$绝对TEM = \sqrt{\frac{\sum\left(D^2\right)}{2n}} \tag{5.1}$$

其中，分子是被测者两次测量的平方差（D）之和，分母是被测对象的数量（n）。相对 TEM 用以下公式来计算：

$$相对 TEM = \frac{绝对\ TEM}{\bar{x}} \times 100 \tag{5.2}$$

其中，$\bar{x}$ 为所有测量值的平均值，相对 TEM 也称变异系数（Coefficient of Variation，CV）。

为了更好地理解精度及如何将其应用于误差评估，下文将重点介绍各种身体成分测量方法的测量者内和测量者间的 TEM。绝对 TEM 和相对 TEM 的估计值将根据所评估的身体成分而变化[4]。

二、不同身体成分测量方法的测量者内和测量者间的测量技术误差或变异系数

无论是在实验室还是现场进行身体成分测量，如果由经验丰富的研究人员和测量人员使用标准化的、可接受的方案认真执行，测得的值便会具有一致的高再现性和相对较低的误差。下文阐述了特定方法下的测量技术误差和变异系数，用来表示预期的精度[4-29]。由于缺乏可用的数据，测量者内和测量者间的测量技术误差或变异系数并没有在所有的方法里得到报告。本章的表格中列出了可以获得的测量者内和测量者间的相关数据。

（一）实验室方法

接下来的内容描述了四组分模型和四种实验室方法的测量者内和测量者间的差异。

1. 四组分模型

用于估算身体成分的四组分模型包括通过测量身体密度、身体水分和骨矿物质来估算体脂百分比。由于涉及的测量值和相关误差较多，测量误差的传播导致模型的再现性问题受到关注。然而，一些针对成人和儿童的研究表明，测量误差的传播并不是问题，利用四组分模型估算的体脂百分比的再现性与个别实验室的测量结果相似[5-9]，测量者内变异系数在 0.6%～1.6%（表 5.1）。

表 5.1　四组分模型的测量者内误差

作者	人群	测量者内误差
韦尔斯等[7]	儿童	体脂百分比 CV=1.6% 脂肪重量 TEM=0.54kg
弗里德尔（Friedl）等[5]	成年人	体脂百分比 CV=1.1%
威瑟斯等[8]	成年人	体脂百分比 CV=0.6%
海姆斯菲尔德（Heymsfield）等[9]	成年人	体脂百分比 CV=1.6%

注：CV 为变异系数；TEM 为测量技术误差。

2. 水下称重法

作为测量身体密度的方法,水下称重法要求被测者在完全潜入水中的同时尽可能多地呼气。这种方法包括使用力学传感器系统测量空气中的体重和水下的体重,肺残气量通过氮洗脱法、氧气稀释或氢气稀释来测量[10,11]。在测量水下重量之前、期间或之后,可以预先测量残气量,然后让被测者进行完全或部分呼气。根据体型估算的剩余肺残气量不能准备预测身体密度。该过程的 TEM 总量大约相当于 0.3%~1.6%的脂肪(表 5.2)。在所有误差源中,肺残气量的测量误差最大。虽然通过充分的实践能达到可接受的再现性,但当儿童或成年人在水中感到不舒服时,这种方法会出现更多的误差[9]。

表 5.2　水下称重法的测量者内 TEM

作者	人群	测量者内 TEM
韦尔斯等[7]	儿童	脂肪重量 TEM＝1.0kg 体脂百分比 TEM＝2.9%
弗里德尔等[5]和威瑟斯等[8]	成年人	体脂百分比 TEM＝0.3%
海姆斯菲尔德等[9]	成年人	体脂百分比 TEM＝1.6% 密度 TEM＝0.0035kg/L

注:TEM 为测量技术误差。

3. 空气置换法

身体密度也可以通过使用 BOD POD 系统的空气置换法(ADP)来测量,它快速、自动化,比水下称重法更舒适,适用范围更广(儿童、老年人和残疾人都可适用)。BOD POD 系统包括用电子体重计测量体重,用体积描记器测量被身体挤出的空气和测量正常呼吸时肺部的平均空气量(参见第三章对 ADP 的完整描述)。在一项技术综述中,菲尔茨等人[12]报道了同一天内重复测量体脂百分比时,被测者之间的 CV 为1.7%~3.7%,日间重复测量成人体脂百分比的 CV 为2.0%~2.3%(表 5.3)。因此,在成年人中空气置换法的 TEM 比水下称重法估算体脂百分比的 TEM 要大一些。在儿童中使用空气置换法重复测量体脂百分比的 CV 尚不清楚[12]。

表 5.3　空气置换法的测量者间 CV

作者	人群	测量者间 CV
麦克罗里（McCrory）等[13]	成年人	体脂百分比　CV=1.7%
菲尔茨等[12]	成年人	日内体脂百分比　CV=1.7%~3.7% 日间体脂百分比　CV=2.0%~2.3%

注：CV 为变异系数。

4. 身体总水量法

身体总水量（TBW）的测量采用稀释法，个体摄入氚、滴定水或氧-18 后，几小时内上述物质将遍布全身，然后用红外光谱仪、质谱仪或闪烁计数器测量唾液、血清或尿液中上述物质的浓度。已经报道的身体总水量和体脂百分比估算值的 CV 为 1%~2%[5,7,8,14]，表明这种方法的可靠性很高（表 5.4）。

表 5.4　身体总水量法的测量者内 CV 或 TEM

作者	人群	测量者内 CV 或 TEM
韦尔斯等[7]（氚稀释）	儿童	脂肪重量 TEM=0.27kg 体脂百分比　CV=0.80%
弗里德尔等[5]（氚稀释） 身体总水量法分析的 CV	成年人	基于 3 次试验日间 TEM=1.0L， 或约 1%身体总水量体脂百分比 CV=1%， 或 TEM=0.5L
威瑟斯等[8]（氚稀释，唾液样本）	成年人	体脂百分比　CV=0.6%
舍勒等[14]（氚稀释）	成年人	体脂百分比　CV=1.0%

注：CV 为变异系数；TEM 为测量技术误差。

5. 双能 X 射线吸收法

通过双能 X 射线吸收法（DXA）测定身体成分，需要用高能量和低能量的 X 射线对人体进行扫描，以确定脂肪、无脂肪软组织和骨矿物质在体内的含量。一般来说，这种方法的再现性很高，测量脂肪、去脂体重或无脂肪软组织和骨矿物质的误差相对较低。然而，由于制造商使用不同的仪器型号（可能使用不同的 X 射线扫描模式）和分析软件（正在不断升级）的差异，从不同的研究中解释再现性，并统一不同制造商的标准非常困难。在文献回顾中，图姆斯等人[15]报道了脂肪含量的CV 范围是 0.6%～4.0%，去脂体重含量的 CV 范围是 0.4%～1.3%（表 5.5）。骨矿物质含量的 CV 低于 1%。仪器制造商、型号和 X 射线束类型似乎对再现性影响不大，相比之下，它们对准确性的影响更大，而且各制造商有被详细记录的系统差异。古廷（Gutin）等人[16]的研究发现儿童 DXA 的信度很高。

表 5.5 双能 X 射线吸收法的测量者内 CV 或 TEM

作者	人群	测量者内 CV 或 TEM
古廷等[16]（Hologic QDR 2000）	儿童	体脂百分比 CV＜1%
富勒（Fuller）等[17]（Lunar DPX）	成年人	脂肪含量 CV＝3% 无脂肪软组织 CV＝0.8% 骨矿物质 CV＝0.9%
欣德（Hind）等[18]（Lunar iDXA）	成年人	脂肪含量 CV＝0.82% 体脂百分比 CV＝0.86% 无脂肪软组织 CV＝0.51%
威瑟斯等[8]（DPX−L）	成年人	脂肪重量 TEM＝30g

注：CV 为变异系数；TEM 为测量技术误差。

维森特-罗德里格斯（Vicente-Rodriguez）等人[19]进一步分析了测量者和日间 DXA 的测量精度，他们分析了来自不同城市的两个实验室的两位测量者的测量误差，主要评估了体脂百分比在测量者内、测量者间和日间的 TEM。测量者内 TEM 在 0.5%～1.1%，测量者间和日间的 TEM 在 1.3%～1.8%。

（二）现场方法

以下四部分涵盖皮褶厚度法、围度测量法、生物电阻抗法及身高和体重的测量者内和测量者间变异。

1. 皮褶厚度法

研究人员根据一种标准化的方法,对各皮褶厚度测量部位的 TEM 进行了估算,乌利雅泽克(Ulijaszek)和克尔(Kerr)[4]的总结如下:肱三头肌皮褶厚度的 TEM 预估值(21 项研究)变化范围为 0.1～3.7mm($\bar{x}$ =0.84),肩胛下部皮褶厚度的 TEM(测量者内)预估值变化范围为 0.1～7.4mm($\bar{x}$ =1.26)。关于测量者间的 TEM,肱三头肌皮褶厚度的变化范围为 0.2～3.7mm($\bar{x}$ =1.10)(19 项研究),肩胛下部皮褶厚度变化范围为 0.1～3.3mm($\bar{x}$ =1.21)。一般来说,测量者间误差的皮褶厚度变异系数大约为 10%,而髂上部和腹部皮褶厚度的变异系数更大,这些部位的测量也更具有挑战性。训练有素的测量者在大多数皮褶厚度测量部位的 CV 可达 5.0%～7.5%[20]。表 5.6 显示了不同人群中肱三头肌和肩胛下部皮褶厚度的 TEM。

表 5.6　肱三头肌和肩胛下部皮褶部位的测量者内 TEM 及测量者间 TEM

参考文献	人群	测量者内 TEM	测量者间 TEM
斯托姆法伊(Stomfai)等[21]	儿童(2～5 岁)	Tri＝0.24mm Sub＝0.17mm	Tri＝0.59mm Sub＝0.32mm
斯托姆法伊等[21]	儿童(6～9 岁)	Tri＝0.24mm Sub＝0.18mm	Tri＝0.61mm Sub＝0.45mm
纳吉(Nagy)等[22]	青少年	Tri＝0.23～0.75mm Sub＝0.19～0.79mm	Tri＝0.23～0.75mm Sub＝0.19～0.79mm
哈里森(Harrison)等[23]	成年人	Tri＝0.40～0.80mm Sub＝0.90～1.20mm	Tri＝0.80～1.90mm Sub＝0.90～1.50mm

注:Tri 为肱三头肌皮褶厚度;Sub 为肩胛下部皮褶厚度。

2. 围度

测量者内和测量者间的围度误差通常为 0.5～1.5cm,这取决于被测者的体形和测量方案(表 5.7)。最具挑战性的是躯干部位,包括臀部、腹部和腰部。王等人[24]仔细研究了四种腰围评估方案,揭示了重要的绝对差异,所有位点的测量可靠性相似,CV 为 0.6%～1.0%[24](参考第四章关于围度测量的方案)。

表 5.7　围度测量的测量者内 TEM 及测量者间 TEM

作者	人群	测量者内 TEM	测量者间 TEM
斯托姆法伊等[21]	儿童（2～5 岁）	腰围＝0.79cm 臀围＝1.20cm 臂围＝0.22cm	腰围＝0.50cm 臀围＝0.50cm 臂围＝0.25cm
斯托姆法伊等[21]	儿童（6～9 岁）	腰围＝0.41cm 臀围＝0.31cm 臂围＝0.21cm	腰围＝0.62cm 臀围＝0.63cm 臂围＝0.30cm
卡拉韦（Callaway）[25]	青少年	腰围＝1.30cm 臀围＝1.20cm	腰围＝1.60cm 臀围＝1.40cm
韦尔韦杰（Verweij）等[26]	成年人	腰围＝1～9cm*	腰围＝1～15cm*
卡拉韦[25]	成年人	臂围＝0.10～0.40cm	臂围＝0.30cm

*韦尔韦杰等人[26]在对不同方法学质量研究的系统综述中报道了测量者内和测量者间测量技术误差的范围。在设计较好的研究中，测量者内部和测量者间的 TEM 为 1～6cm。

3. 生物电阻抗法

　　生物电阻抗法的测量者内部和测量者间的误差相对较低，在使用标准化方案的测量者内部和测量者间的误差为 1Ω 或 2Ω（表 5.8）。当在俯卧位测量电阻时，必须等待 3～5min 以获得更稳定的读数。研究者之间最大的差异来源与手和脚的远端放置电极的变异有关。遵循放置电极的标准化方案可以减少这种差异来源。如果不遵循标准化的方案，水合状态、皮肤温度、进食时间和运动时间的变化都可能增加电阻的变化。精确的测量方法并不总是能保证准确性（见第一章）。

表 5.8　生物电阻抗法的测量者内 CV 或 TEM

参考文献	人群	测量者内 CV 或 TEM
谢弗（Schaefer）等[27]	儿童（2～5 岁）	体脂百分比 CV＝0.40% 去脂体重 CV＝1.23%
纳吉等[22]（电阻，欧姆）	青少年	阻值＝1.30（TEM）
洛曼[28]	成人	体脂百分比 CV＝2.40% 体脂百分比 CV＝2.10%

　　注：CV 为变异系数；TEM 为测量技术误差。

4. 身高和体重

身高和体重均可根据标准化方案得到可靠评估（表 5.9）。体重和身高存在日变化，因此测量时间的规范是非常重要的。乌利雅泽克和克尔[4]发现，测量者间身高和体重 TEM 的差异很大，这表明尽管测量人员接受过标准化方案的培训，但不同研究存在不同的测量精度。就认证而言，身高和体重的相对 CV/TEM 都应小于 1%。

表 5.9　身高和体重的测量者内 TEM 及测量者间 TEM（男性和女性）

作者	人群	测量者内 TEM	测量者间 TEM
身高			
斯托姆法伊等[21] 克雷斯皮（Crespi）等[29]	儿童（2~5 岁）	0.0017m —	0.0026m 0.0010m
斯托姆法伊等[21]	儿童（6~9 岁）	0.0022m	0.0026m
乌利雅泽克和克尔[4]	成年人	0.0038m （19 个研究的平均值） （范围＝0.001~0.013m）	0.0038m （21 个研究的平均值） （范围＝0.002~0.008m）
体重			
斯托姆法伊等[21] 克雷斯皮等[29]	儿童（2~5 岁）	0.05kg —	0.06kg 0.10kg
斯托姆法伊等[21]	儿童（6~9 岁）	0.06kg	0.07kg
乌利雅泽克和克尔[4]	成年人	0.17kg （6 个研究的平均值） （范围＝0.1~0.3kg）	1.28kg （12 个研究的平均值） （范围＝0.1~4.1kg）

三、减少与现场方法相关的误差

有各种各样的现场评估方法可用于实验室或临床环境之外的身体成分的测量，然而，这些现场方法的培训方案和认证方法还没有很好地标准化。在缺乏标准化培训方案和认证标准的情况下进行的测量可能是不正确的测量，会导致变异性和误差增加[30]。

在身体成分评估领域,改进测量评估使其具有更好的培训方案和认证标准是成功的前提。技术误差由系统误差和随机误差两部分组成。为了认证,测量系统误差和总体技术误差很重要。系统误差可以通过比较专业人员和新手在每个皮褶厚度测量位点测量平均值之间的差异来计算。一般来说,专业人员在测量和研究某确定的身体成分方面有更多的经验。

可接受性标准要求每个位点的测量数值误差在 10% 以内。对于大多数皮褶厚度测量位点,总的相对技术误差也是 10%。髂上部和腹部皮褶厚度的相对技术误差则建议不超过 15%。

国际促进人体测量学发展学会(ISAK)建立了一个认证体系[31],以确保所有认证的测量者使用完全相同的测量技术,帮助消除测量者间的变异性并减少误差。认证的基础是坚持质量保证的客观性,这就要求每一位测量者完成的认证课程和实操考核都要符合 TEM 标准。实操考核要求对 20 位被测者进行测量,测量者达到较好的 TEM 标准并符合要求的测量重复性。每个皮褶测量的相对 TEM 目标要达到 10.0%,而其他所有指标的相对 TEM 目标为 2.0%[31]。

ISAK 提供了四个级别的认证计划,级别严格程度依次递增。每个级别都对应特定的测量目标,并且不需要测量者满足四个级别的所有标准。1 级主要针对身高、体重和皮褶厚度测量的评估人员。2 级针对更广泛测量范围的测量人员,包括足够精度的 3 种基本指标测量、8 个皮褶厚度、9 个部位的长度、13 个围度和 7 个骨宽测量,以及对人体测量学理论及其解释有广泛了解。3 级(讲师级)和 4 级(标准级)仅针对希望从事 1 级和 2 级人体测量师培训和认证的人体测量师。

四、总结

识别和控制评估误差是十分必要的,它是确保身体成分测量具有高精度的前提。评估误差的类型包括系统误差(可重复/可再现和可避免)、随机误差(不可重复和不可避免)、测量者内误差和测量者间误差及测量技术误差。测量者内误差是同一研究者或测量者使用同一设备对同一被测者进行重复测量时发现的测量值差异。测量者间误差用于评估不同研究者或测量者之间的一致性。测量技术误差(TEM)分为绝对和相对技术误差。绝对 TEM 以测量单位报告,而相对 TEM 以百分比报告，也称为变异系数（CV）。

　　通过使用标准化方案，正确校准设备，并执行重复测量，可以减少系统误差和随机误差。测量者内部和测量者间的误差以及技术误差会受到系统和随机误差的影响，因此，减少此类误差也将减少测量者内和测量者间的误差及技术误差。

（李然主译）

第六章　最低体重的评估

蒂莫西·G.洛曼，博士（Timothy G. Lohman，PhD）

柯克·丘尔顿，博士，美国运动医学学会资深会员（Kirk Cureton，PhD，FACSM）

蒂莫西·G.洛曼，博士（Timothy G. Lohman，PhD）

柯克·丘尔顿，博士，美国运动医学学会资深会员（Kirk Cureton，PhD，FACSM）

学习目标

通过本章的学习，你将掌握以下内容：

- 最低体重的定义及为何运动员的体重不应低于最低体重
- 评估最低体重的身体成分实验室方法和现场方法的优点和局限性
- 能够用于测量运动员最低体重的实用方法和这些方法的准确性

最低体重（Minimum Weight，MW）的定义是从因太瘦而使健康风险大大提高衍生而来的，涉及因为身体脂肪含量太少而生长发育受限的儿童和青少年及骨骼肌含量过少的成年人。最低体重被定义为不会对健康和运动能力造成更多不确定影响所需的最低体重。通常，接近成年的男性青少年和成年男性的最低体脂百分比为 5%；接近成年的女性青少年和成年女性的最低体脂百分比为 12%[1,2]。

1997 年，三个大学生摔跤运动员在赛前的快速减重过程中不幸身亡。这次事件后，美国大学生体育协会（National Collegiate Athletic Association，NCAA）实施了一个强制性的摔跤项目最低体重计划，禁止体脂在 5% 以下的摔跤运动员上场比赛[3]。很快，全美的其他高中也纷纷效仿。在美国，国家高中联合会规定每个州的高中协会都要制订一个具体的体重控制计划来阻止过多的体重减轻，包括水合状态测试、身体脂肪评估、最低体重标准（体脂百分比男性在 7% 以上，女性在 12% 以上）[4]。

评估最低体重需要准确地评估身体脂肪。如果我们规定男性体脂百分比为 5%，女性为 12%，那么我们可用如下公式计算最低体重和去脂体重。

男性的最低体重： $$\frac{去脂体重（kg）}{0.95} \qquad (6.1)$$

女性的最低体重： $$\frac{去脂体重（kg）}{0.88} \qquad (6.2)$$

去脂体重[5]： $$体重 - \frac{体重（脂肪百分比）}{100} \qquad (6.3)$$

如果对体脂百分比的估计标准误（SEE）为 ±3%，那么在去脂体重和最低体重中的相应误差为 ±2.1kg，若体脂百分比的估计标准误为 ±2% 时，去脂体重的误差会变为 ±1.4kg。

本克（Behnke）[6]建议男性瘦体重中含有 2%～3% 的脂肪是必需的。对于女性，本克[6]还加上了其特有的乳腺和其他组织必需脂肪。女性最低体重被评估为瘦体重加 5～7kg[7]。卡奇等人提出了女性的 9% 脂肪分布模型（5% 的女性特有体脂加上 4% 必需脂肪）[8]。女性运动员的体脂在 12% 以下作为最低体重已经被广泛接受[9]。

通过对松德戈特－博根（Sundgot–Borgen）等人[10]的关于低于最低体重所带来

的健康风险的综述可以看出，在体重敏感型运动项目中，减重的常规方法有极度的节食、频繁的体重波动、禁食、脱水、催吐和大强度运动训练，这些会导致进食障碍、不健康的身体形态、月经失调、骨密度降低等。

实践启示

最低体重的评估已经被广泛地用在运动员、进食障碍人群和慢性病人群中。这首先起源于摔跤运动员中，"对体重的需求"导致很多高中和大学的摔跤运动员进行了不安全的减重活动。最低体重对长期的减重研究很有帮助，这些长期减重研究帮助个人制订健康计划来避免过多的脂肪流失。了解了成年人的个体去脂体重，相关人员就可以根据客户的目标为其在整个生命周期中保持或增加体重提供依据。这个目标就是帮助参与运动的人或者有自己生活目标的人达到一个健康的体重。一旦此人体重低于最低体重，那么其健康状况就会受损甚至死亡。

这一章的目的就是介绍运动员最低体重的概念，讨论它的重要性并介绍评估方法。本章还回顾了用于确定最低体重的身体成分评估的实验室方法和现场方法，并且提出了确定运动员最低体重的实用性建议。

一、摔跤运动员最低体重的评估

评估摔跤运动员的最低体重在运动员身体成分评估的历史上格外受到重视。因为在体育运动中充斥着各种不健康的减重方法，所以规定最低体重可以减少摔跤运动员在赛季开始前的不健康的减重行为。美国艾奥瓦大学和威斯康星大学的研究人员和行政管理人员在20世纪60年代就开始探索最低体重方案的制订。

美国艾奥瓦州、伊利诺伊州、明尼苏达州、内布拉斯加州和俄亥俄州的大学进行的中西部摔跤研究[11]的发表是巨大的突破，为评估摔跤运动员的最低体重提供了一种实用的新方法，研究结果首先在威斯康星州（1991）应用，随后被推广到美国其他州。高中摔跤运动员最低体重的评估得到了各方的支持，包括摔跤运动员、其父母、医药卫生人员及相关政府部门的专业人员。

二、最低体重评估的实验室方法

用来评估身体成分的实验室方法已在第三章中介绍过。理论上来说，任何用来计算去脂体重的基于化学模型的方法都可以用来评估最低体重。例如，身体密度测定法和比重测定法是基于两组分的模型；双能 X 射线吸收法（DXA）是基于三组分的模型；或者是三、四组分模型结合骨密度的 DXA 和体内水含量的测量来测量身体密度。更详尽的五、六组分模型包括了用来评估最低体重的中子活化分析法。其他的实验室方法包括计算机断层扫描，磁共振成像（更详细的全身脂肪含量分析），并不能很简便地用于全身脂肪含量及最低体重评估。实际上，摔跤运动员最低体重的实验室评估方法主要是密度测定法、DXA 和四组分模型[11-13]。

实验室方法比现场方法提供了更准确的最低体重评估。实验室方法评估最低体重最主要的错误来自技术性的测量失误和方法实施过程中假定值的个体变化导致的生物学误差。现场方法中会有额外的在预测身体成分标准的回归方程时产生的误差。实验室方法的准确性取决于测量条件的标准化，要选择推荐方法中更具有操作性、更准确的测量方法（如四组分模型）。除了四组分模型，所有的实验室方法都对身体水分含量进行假设，所以把水合状态、前期饮食及急性运动等标准化是十分关键的。尽管在实际情况中现场方法会被广泛地运用，但如果情况允许并且以高准确度为首要因素时，实验室方法是用来评估最低体重的首选方法。

（一）密度测定法

密度测定法被用于测定身体密度（体重/体积）。体积的测量一直用阿基米德原理和水下称重法。但是近年来，体积的测量多用空气置换法（ADP）（见第三章）。水下称重法（UWW）需要被测者多方面的配合，要求被测者完全潜入水中，最大限度地呼吸并保持静止。这个过程对儿童和完全潜入水中感到不适的成年人来说难度很大。水下称重法和空气置换法都要求测量肺残气量，测量在技术上十分麻烦并且设备很昂贵。很多年来，用水下称重法来测量身体密度被认为是一个参考方法，是间接方法中能够提供最准确的身体成分评估的方法。因此，大部分通过人体测量方法来评估摔跤运动员最低体重的实验室方法已经得到验证，用水下称重法能很好地预测身体成分[11,14]。有些方法已经通过 DXA 和四组分模型来交叉验证过了[12,15]。

基于两组分模型，根据身体密度估算身体成分具有局限性。如第一章和第三章所述，所有基于两组分模型的身体成分评估均受到以下假设的限制：去脂体重的组成或去脂体重中物质的密度恒定[5]。以测量身体密度为例，假设 20 岁以上的成年人的去脂体重密度为 $1.10g/cm^3$，并且去脂体重包含 73.8% 的水，19.4% 的蛋白质和 6.8% 的矿物质。在儿童和青少年中，去脂体重中水的含量更高，矿物质的含量更低，导致去脂体重密度低于 $1.10g/cm^3$。去脂体重的密度随着年龄的增长而逐渐增加，在 20 岁左右达到成年值[16]。从理论上讲，重要的是通过使用校正后的公式估算身体脂肪，在评估青少年运动员的最低体重时要考虑其较低的去脂体重密度。然后根据身体密度计算去脂体重。索兰德等人[11]在综合研究中已经以水下称重法的身体成分评估为标准开发出了公式，并根据假定的较低去脂体重密度对高中摔跤运动员进行人体测量学测量以获得最低体重。

对于任何年龄段的人，构成去脂体重的水、矿物质和蛋白质均存在相当大的个体差异，这导致了根据身体密度估算去脂体重和最低体重时会产生误差[17-19]。洛曼[5]认为在通过身体密度来评估身体成分的情况下，使用他的皮褶厚度公式预测身体密度的高中摔跤运动员估算最低体重的一半的误差可能与去脂体重的成分和密度的个体差异有关。去脂体重的水分含量变化是根据身体密度估算身体成分的最大生物学误差来源[17]。即使在正常的水合状态下，肌肉发达的运动员去脂体重的含水量也可能和假定的不同。莫德莱斯基等人[20]发现，发达的肌肉和去脂体重中较高的水分含量会降低去脂体重的密度，并导致健美运动员根据身体密度获得的体脂百分比被高估。

为了确定通过水下称重法得出的最低体重的估计值在大学摔跤运动员中的有效性，克拉克（Clark）等人[15]通过四组分模型得出的估计值交叉验证了该最低体重估计值，该估计值通过洛曼的皮褶厚度公式预测了身体密度[17]，而四组分模型中的估计值是测量了身体密度、身体水分含量和身体矿物质含量得出的。他们发现水下称重法和皮褶厚度法与四组分模型参考方法非常吻合（总误差为 ±1.3kg 和 ±1.7kg）。基于两组分模型和四组分模型的水下称重法的一致性表明，公式中用于将身体密度转换为脂肪的去脂体重的假定密度和组成适用于大学摔跤运动员。他们认为，使用洛曼的皮褶厚度公式[11,21]的水下称重法根据身体密度估算最低体重的方法适用于大学摔跤运动员。

（二）双能 X 射线吸收法

双能 X 射线吸收法（DXA）由于其速度、便利性和高精度（见第三章），已被广泛用作医院、诊所和大学中评估身体成分的实验室方法。该方法基于三组分模型，可测量骨矿物质、脂肪和无脂肪软组织。骨矿物质和无脂肪软组织的总和为去脂体重，可用于估算最低体重。DXA 评估最低体重的一个优势是，与其他实验室方法不同，DXA 受身体水分含量变化的影响最小[22,23]。DXA 用于测定运动员最低体重的广泛使用受到其费用高昂、需要训练有素和经认证的测量人员及效度有关问题的限制[24]。尽管具有很高的可重复性（重复测量去脂体重和体脂百分比的误差为 0.5%～1%），但用 DXA 评估身体成分由于不同制造商的仪器，同一制造商不同型号的仪器以及扫描模式和软件版本不同等还是会有所差异[25]。不适合使用扫描床的过高或过胖的人进行测量也可能会出现问题，需要使用定制的方法[26,27]。

大量研究已经证实 DXA 身体成分的估计值与四组分模型（目前作为身体成分测量的金标准）的估计值的结果不一致，并且一些研究体现了较大的个体差异[25,28,29]。尽管大多数研究发现 DXA 估计的体脂百分比误差很低，为 2%～4%，但既低估较瘦个体的体脂百分比，而又高估较胖个体的体脂百分比已成为一种趋势[25]。这种趋势在某些研究中很明显，这些研究证实了运动员的 DXA 体脂百分比和去脂体重估计值[30,31]，但在其他针对运动员的研究中却没有[12,13,29,30]。此外，DXA 可能无法准确跟踪运动员身体组成的细微变化[29]。很多研究发现，与四组分模型的估算值相比，被广泛使用的密度计（Hologic QDR 4500）高估了去脂体重，并将脂肪量低估了 5%[28]。相关报告建议将该密度计的所有去脂体重和脂肪量值校正 5%。尽管有关 DXA 效度的文献表明，使用 DXA 进行身体成分估计值时需要谨慎，以免低估会危害健康的最低体重，尤其是对于非常苗条的人。以下的研究表明某些仪器（Hologic、Lunar 和 Norland DXA）确实为大学和高中的摔跤运动员提供了非常准确的最低体重估算值。

克拉克等人[12]在 94 名高中摔跤运动员中做了测试，用水下称重法和 DXA 密度仪（Norland XR-36）测得的去脂体重来评估最低体重，并对其进行比较。他们发现这两个估计值之间的密切一致性、均值差异无明显的统计学意义（0.6kg），相关性很高（0.98），总误差非常低（1.9kg），并且在整个过程中没有系统偏差。通过现场测量估算的最低体重总误差低于其他研究报告的总误差，包括皮褶厚度法、生物电阻抗法和红外诊断。在一定的研究条件下，DXA 可以准确估计高中摔跤运动员的最低体重。

（三）比重测定法

假定水在去脂体重中的百分比是恒定的，我们可以通过使用稀释法测量身体总水量来估算身体成分（见第三章）。人体消耗已知量的水的同位素（氚、氘或氧-18），待其在体内存留几个小时，然后测量血液、唾液或尿液中的同位素浓度[32]。该方法的优点是易于操作，被测者几乎不需要采取任何措施，并且如果使用适当的去脂体重含水量，其可靠性高（质谱技术误差为 1%～2%），准确性也较高（总误差为 2%～4%）。所有年龄段的成年人去脂体重含水量使用的常数为 73% 左右，而 20 岁以下的人群使用更高的百分数[16]。该方法的缺点是：同位素和分析设备的高昂的价格；稳定同位素的缺乏；同位素分析需要专业技术技能；同位素平衡需要一定的时间；运动、疾病引起的体内水分含量急性或慢性变化的敏感性。在正常水合状态下进行测量至关重要。由于该方法有一定的难度，所以尚未被广泛用作评估身体成分和最低体重的独立方法。然而，身体总水量是密度三组分模型和四组分模型所要求的测量方法之一，因此，在多组分模型中，身体总水量被用来估计运动员和非运动员的身体成分[20,30,31]。在这些研究中，依据人体水分含量的去脂体重和脂肪含量的评估与四组分模型的评估非常吻合。用实验室方法测量水分含量的一种简单方法是比重不超过 $1.025g/cm^3$ 的尿液测试。美国高中联合会要求在评估运动员身体脂肪含量之前进行该项测试（尿比重折射计或尿比重计）[4]。

（四）多组分模型

使用包括测量身体密度、身体水分含量和骨矿物质含量的四组分模型或包括中子活化分析法的五组分和六组分模型来评估身体成分，可以提供最准确的身体成分估计，估计身体脂肪的精度和准确性的误差为 1%～2.5%（见第三章）。这些方法目前被视为参考方法，这意味着它们可用于验证其他实验室和现场方法[24]。四组分模型是使用最广泛的模型，它通过提供直接测量人体水分含量和骨矿物质含量的方法，避免了简单的实验室方法（如基于两组分模型的身体密度测定法）的局限性[17]。直接测量身体水分含量很重要，因为水是去脂体重中变化最大的成分，并且在依据身体密度估算身体脂肪的生物学误差中影响最大。骨矿物质的测量对于估计骨骼未完全骨化的青少年的身体成分很重要[16]。尽管由于费用、时间、技术专长及缺乏可操作性，使用多组分模型评估最低体重并不实用，但它在检查其他实验室和现场方法的效度方面却很重要。在这一点上，只有两项研究[13,33]使用四组分模型来评估其他通过实验室和现场方法对运动员进行最低体重估算的效度。四组分模型的研究证实，水下称重法和洛曼皮褶厚度公式[34]是测量摔跤运动员最低体重的有效方法。埃文斯等人[33]使用四组分模型开发了皮褶厚度预测公式，以估算大学生运动员的体脂百分比。所开发的公式可用于黑人和白人男女运动员最低体重的评估（见第七章）。

（五）超声法

为了估计运动员人群的最低体重，超声法与皮褶厚度法相比可提供对皮下脂肪厚度更精确的评估（见第三章）。超声法的优点包括避免了脂肪压缩、个体皮肤厚度变化及与皮褶厚度中脂肪的两倍厚度相关的测量变化。超声法的最新技术已可以半自动确定脂肪边界并在每个图像中测量多个厚度值[35,36]。在估计标准误为 1.5kg 或更小的情况下，评估最低体重的可能性取决于通过超声法测量的皮下脂肪与运动员人群全身脂肪量的关系。研究人员需要进行大规模的验证研究（如四组分模型），并使用准确的参考方法来测量全身脂肪量。基于穆勒等人[35,36]的工作和施托赫勒等人[37]的研究，一套标准化超声脂肪厚度部位设置可以用来评估此方法。

三、最低体重评估的现场方法

在非实验室环境中，例如大学中的体育学院和体育部，可使用更简单、更经济的现场方法来测量身体成分，以估算运动员的最低体重。这些方法的准确性不及实验室方法，但它们是测量最低体重的实用方法。

（一）皮褶厚度法

西宁（Sinning）[14]在大学生运动员中验证了皮褶厚度法作为评估最低体重的方法。1984年，西宁和威尔逊（Wilson）[38]为女大学生运动员建立了皮褶厚度公式，1985年，西宁等人[39]又为男运动员建立了皮褶厚度公式。

西宁[14]在成人摔跤运动员中的研究发现，使用皮褶厚度法比使用骨骼宽度能更准确地估计脂肪和去脂体重的百分比。在此研究之前，骨骼宽度被用来估计去脂体重[40]。本克和威尔莫尔（Wilmore）[7]的经典著作解释了骨骼宽度与瘦体重之间关系的推导，并描述了许多早期研究。陈（Tcheng）和蒂普顿（Tipton）[41]也使用这种方法来估算高中摔跤运动员的最低体重。皮褶厚度法的使用改善了研究者对去脂体重和最低体重的预测，骨骼宽度的估计标准误为4.0kg，而皮褶厚度法的估计标准误为2.0～3.0kg。

索兰德等人[11]发表了在高中男摔跤运动员中使用皮褶厚度法估算最低体重的最佳公式。在一项包含806名被测者的跨大学研究中，洛曼[21]总结了该研究的细节。其中的一个推荐公式为：

$$D=1.0982-0.000815（\sum3\text{皮褶厚度}）+0.00000084（\sum3\text{皮褶厚度}）^2 \quad （6.4）$$

这个公式是洛曼[42]结合其他人的研究[14,43]，使用肱三头肌、肩胛下部和腹部皮褶部位为年轻成年男性建立的一个通用公式。现在，该公式已在美国各地的高中摔跤运动员中广泛使用。索兰德等人[11]对测量部位和方法进行了详细的描述。

实践启示

很多皮褶厚度公式是在一个实验室由单一测试人员和单一被测者得出的，这就导致了这些公式不能很好地应用于其他人群。一个普适性的公式在许多人群中都应是准确的，而不是仅局限于某类人群。这项大学研究的独特之处在于，五个实验室的合作遵循相同的方案和标准化方法。在过去的 25 年所开发的针对特殊人群的公式可普遍推广到全国的高中摔跤运动员。在该领域中没有其他研究人员进行不同公式的研究。只有该公式可以使用，这充分体现了该研究的价值。

对于女性运动员，杰克逊、波拉克和沃德（Ward）[44]使用了四个部位皮褶厚度（肱三头肌、腹部、髂上部、大腿部）的总和，该皮褶厚度公式被证明是有效的[38]。

（二）生物电阻抗法

将生物电阻抗法（BIA）作为一种现场方法来评估摔跤运动员的最低体重的研究已进行了 25 年以上[45]。然而，生物电阻抗法和皮褶厚度法的可比性仍受到质疑[46]。

由于测量操作的差异，使用的生物电阻抗设备类型以及所选择的标准方法的差异使明确的建议难以得出。第四章的研究表明，在标准条件下，皮褶厚度法和全身生物电阻抗测量均可估算年轻人的体脂百分比，估计标准误为 3.5%。

穆恩（Moon）[47]在一篇综述性文章中指出，针对运动员的生物电阻抗评估方法尚缺少多组分模型条件下的通用公式。穆恩预测，如果建立了一个普适的公式，则生物电阻抗法可以成为评估运动员身体成分的有效工具。在多组分模型条件下的运动员通用的生物电阻抗公式建立之前，建议使用表 6.1 中的公式[44]。

表 6.1 推荐生物电阻抗公式

作者	公式
卢卡斯基（Lukaski）等[48]	去脂体重 = 0.734×（身高²/阻力）+0.116+体重+0.096+电抗+0.878×1（受试者为男性）−4.03 去脂体重 = 0.734×（身高²/阻力）+0.116+体重+0.096+电抗+0.878×0（受试者为女性）−4.03

续表

作者	公式
洛曼[5]	8～15 岁儿童： 去脂体重 = 0.620×（身高^2/阻力）+0.210×体重+0.100×电抗+4.2 18～30 岁女性： 去脂体重 = 0.476×（身高^2/阻力）+0.295×体重+5.49 18～35 岁女性（活跃）： 去脂体重 = 0.666×（身高^2/阻力）+0.164×体重+0.217×电抗−8.78 30～50 岁女性： 去脂体重 = 0.536×（身高^2/阻力）+0.155×体重+0.075×电抗+2.87 50～70 岁女性： 去脂体重 = 0.470×（身高^2/阻力）+0.170×体重+0.030×电抗+5.7 18～30 岁男性： 去脂体重 = 0.485×（身高^2/阻力）+0.338×体重+5.32 30～50 岁男性： 去脂体重 = 0.549×（身高^2/阻力）+0.163×体重+0.092×电抗+4.51 50～70 岁男性： 去脂体重 = 0.600×（身高^2/阻力）+0.186×体重+0.226×电抗−10.9

注：去脂体重的单位为 kg，身高的单位为 cm，体重的单位为 kg。

资料来源：经许可转载自 T.G. Lohman, *Advances in Body Composition Assessment*（Champaign, IL：Human Kinetics，1992）。

1. 运动员人群的生物电阻抗测量

克拉克等人[13]通过对 54 所大学的摔跤运动员进行四组分模型的评估，验证了实验室方法（水下称重法和 DXA）和现场方法（皮褶厚度法和腿部生物电阻抗法）的最低体重估计值。他们发现五个最低体重估算值之间具有密切的一致性，没有显著的差异（0.3kg），与标准值高度相关（0.92～0.98），并且在最低体重范围内没有系统偏差。水下称重法（1.3kg）和皮褶厚度法（1.7kg）的总误差很低（<2.0kg），比 DXA（2.2kg）稍微好一些，但是生物电阻抗法误差（3.1kg）太高了，不适合使用。他们得出的结论是，使用美国大学生体育协会推荐的两种方法对大学摔跤运动

员进行的最低体重评估（水下称重法和皮褶厚度法）是最精确的。

2. 生物电阻抗法与水分含量

巴尔托克（Bartok）等人[49]通过皮褶厚度法，腿-腿生物电阻抗法和生物电阻抗频谱法（Bioimpedance Spectrometry，BIS）来研究脱水对最低体重评估的影响。急性热脱水会影响所有测量方法，产生的较大总误差约为4kg。在正常水合状态下，生物电阻抗法和生物电阻抗频谱法产生的总误差比皮褶厚度法大得多。但是，生物电阻抗频谱法的估计标准误远低于生物电阻抗法的估计标准误，这表明生物电阻抗频谱法可以像皮褶厚度法一样应用于特定的运动员人群[49]。

随着生物电阻抗频谱分析仪的简化以及成本的降低，生物电阻抗频谱法可能会成功应用于最低体重的评估，而生物电阻抗法可能不会。克拉克等人[50]认为，与四组分模型相比，腿-腿生物电阻抗法的估计标准误较大，为 3.5kg，不适合作为评估最低体重的方法。相比之下，乌特（Utter）和兰贝思（Lambeth）[45]以水下称重法为标准方法，对多频 BIA 与皮褶厚度法评估最低体重进行了比较，发现两种方法误差相似。赫茨勒（Hetzler）等人[51]将皮褶厚度法与全身单频 BIA 进行比较的研究发现，两种方法不能互换测量同一样本的最低体重。

实践启示

皮褶厚度法和生物电阻抗频谱法的结合可以提供一种评估水合状态和肥胖程度的实用方法。尽管生物电阻抗频谱分析仪比单频 BIA 设备更昂贵，但未来的研究发展将会提供一种更便宜的生物电阻抗频谱法，从而可以对所有被测者进行水分含量和肥胖程度评估。

四、总结

最低体重是可以长期维持而对健康和运动能力无不利影响的最低人体重量。实际工作中，接近成年的男性青少年及成年男性的最低体脂百分比为5%，接近成年的女性青少年及成年女性的最低体脂百分比为12%。专业人员建议，为确保运动员健康和安全，不允许其在低于标准最低体重的情况下进行比赛。通过身体成分（脂肪和去脂肪的含量）评估可以对最低体重进行确定。各种实验室方法和现场方法的复杂程度、费用多少及准确度都不同，但是均可用于评估身体成分。总的来说，实验室方法更为准确，可以作为验证现场方法的标准。目前推荐实用性最强的皮褶厚度法或 BIA 测量法来确定运动员的最低体重。

（李然主译）

第七章　特殊人群的身体成分测量

珍妮弗・W. 贝亚，博士（Jennifer W. Bea，PhD）

蒂莫西・G. 洛曼，博士（Timothy G. Lohman，PhD）

劳里・A. 米利肯，博士，美国运动医学学会资深会员（Laurie A. Milliken，PhD，FACSM）

学习目标

通过本章的学习，你将掌握以下内容：

- 特殊人群身体成分实验室评估方法的准确性如何受到影响
- 特殊人群身体成分现场评估方法的准确性如何受到影响
- 如何选择更为准确的针对特殊人群的身体成分测量替代方案

身体成分评估的方法和公式在不同人群中的应用是身体成分评估的一个重要方面。尽管本书第二章中描述的磁共振成像（MRI）、计算机断层扫描（CT）和多组分模型的参考方法适用于所有人群，但对于实验室方法和现场方法仍需要在不同人群中进行测试和调整。没有必要针对种族/民族、年龄、性别或其他人口差异校正参考方法或结果，因为这些方法提供了在不同人群条件下的有效估计；它们对经常因人群而异的因素进行了直接测量。

对于基于双组分系统的实验室方法，当使用密度测定法和空气置换法（ADP）时，必须确定特定公式是否适用于特定的人群（例如，去脂体重组分的密度和比例）。这些成分与应用于其他人群时假设的成分之间的任何偏差都会导致体脂百分比估计值的误差增加。对于现场方法，如皮褶厚度法和生物电阻抗法（BIA），基于研究人群建立的公式的交叉验证是一项基本要求。如果使用了错误的公式或方程，即使遵循了标准化的测量方案，也可能导致身体成分估算中出现较大的系统误差。在本章中，我们将讨论实验室和现场评估方法对特殊人群的身体成分进行准确评估的能力。

一、实验室方法

下文将讨论的实验室方法有水下称重法、身体总水量法、双能 X 射线吸收法和总体钾计数法。几十年来，水下称重法被广泛接受，因此，它的局限性得到了很好的研究。另一个两组分模型——空气置换法相对较新，但与水下称重法有着类似的局限性。由于水下称重法的相关文献较为全面，而且这两种实验室技术基于相同的原理，因此这里我们只讨论根据不同人群调整的水下称重法。身体总水量法通常用于评估瘦体重，并依赖于水在瘦体重中的含量是恒定的假设。它也被用作多组分模型的一部分，并且会在不同的人群中表现出差异。双能 X 射线吸收法是一个三组分模型（见第二章），其组分是脂肪、瘦体组织和骨量。这里只讨论将双能 X 射线吸收法应用于不同体型个体的注意事项。此外，由于钾存在于瘦体重中，因此总体钾计数法可用于估算瘦体重。在不同人群中，钾-瘦体重的换算关系不同。本章将讨论上述方法应用于不同人群时的注意事项。

（一）水下称重法

水下称重法（UWW）是一种利用两组分模型评估身体成分的方法（见第二章），将体重看作两部分——脂肪和去脂体重。使用水下称重法这种两组分模型评估身体成分是相当准确且适用于大多数人的（见第三章），然而去脂体重中的水、蛋白质和矿物质含量及其他成分的浓度在个体之间的可变性会导致在那些不符合假设的人中产生更大的误差[1]。在基于年龄[2,3]、健康水平[4]、种族/民族[5]、性别[5]、体重变化[6,7]的分组以及一些去脂体重密度不符合假设的运动员的分组[8-11]中也可能出现系统误差。表 7.1 总结了不同健康和临床人群去脂体重密度的差异[5]。在这些分组中，必须使用不同的常数来调整双组分模型以精确估计身体成分。表 7.1 提供了按种族/民族、性别、运动状态和年龄估算全身体脂百分比和去脂体重密度的常数，以解释与经典的西丽（1961 年）（脂肪＝4.95/身体密度−4.50）和布罗泽克（1963 年）（脂肪＝4.57/身体密度−4.4142）双组分模型的不同之处。如果不在特殊人群中使用特定常数，身体脂肪可能会被高估或低估。例如，经典的西丽和布罗泽克双组分模型高估了青春期前儿童（11 岁）2%～5%的身体脂肪[11]。

莫德莱斯基[8]和威瑟斯[14]等人在使用双组分模型时发现去脂体重中的水分含量更高。与此相反，席尔瓦（Silva）等人[12]观察到女性青少年运动员的去脂体重中水分含量较低，蛋白质含量较高，而处于青春期后的男性运动员没有出现这样的结果。在另一项调查中，席尔瓦等人[12]观察到，精英男性柔道运动员的去脂体重水分含量从维持体重期间的 72% 下降到比赛前的 71%，明显与哺乳动物研究的假设值（73.2%）相背离。桑托斯（Santos）等人[15]也证实了篮球运动员在竞技期间去脂体重水分含量较低。许多研究人员发现去脂体重密度存在差异（表 7.1）。理想情况下，在建立估计身体脂肪的有效公式时，许多运动员人群都需要多组分模型。

表 7.1 特殊人群两组分模型转换公式

人群	年龄/岁	性别	体脂百分比/%	去脂体重密度*（g/cm³）
不同种族				
非裔美国人	9～17	女	（5.24/Db）－4.82	1.0880
	19～45	男	（4.86/Db）－4.39	1.1060
	24～79	女	（4.86/Db）－4.39	1.1060
美洲印第安人	18～62	男	（4.97/Db）－4.52	1.0990
	18～60	女	（4.81/Db）－4.34	1.1080
日本人	18～48	男	（4.97/Db）－4.52	1.0990
		女	（4.76/Db）－4.28	1.1110
	61～78	男	（4.87/Db）－4.41	1.1050
		女	（4.95/Db）－4.50	1.1000
新加坡人（华人、印度人、马来人）		男	（4.94/Db）－4.48	1.1020
		女	（4.84/Db）－4.37	1.1070
高加索人[10]	4～5.99	男	（5.34/Db）－4.93	1.0826
	4～5.99	女	（5.35/Db）－4.94	1.0821
	6～7.99	男	（5.24/Db）－4.83	1.0865
	6～7.99	女	（5.17/Db）－4.74	1.0899
	8～9.99	男	（5.19/Db）－4.77	1.0887
	8～9.99	女	（5.15/Db）－4.72	1.0905
	10～11.99	男	（5.13/Db）－4.69	1.0917
	10～11.99	女	（5.11/Db）－4.67	1.0926
	12～13.99	男	（5.13/Db）－4.70	1.0914
	12～13.99	女	（5.05/Db）－4.61	1.0951
	14～15.99	男	（5.11/Db）－4.68	1.0923
	14～15.99	女	（4.96/Db）－4.51	1.0996
	16～17.99	男	（4.97/Db）－4.52	1.0992
	16～17.99	女	（4.91/Db）－4.45	1.1021

续表

人群		年龄/岁	性别	体脂百分比/%	去脂体重密度*（g/cm³）
不同种族					
高加索人[10]		18～19.99	男	（4.96/Db）- 4.51	1.0995
		18～19.99	女	（4.88/Db）- 4.42	1.1034
		20～22.99	男	（4.92/Db）- 4.47	1.1013
		20～22.99	女	（4.88/Db）- 4.42	1.1037
西班牙人		20～40	女	（4.87/Db）- 4.41	1.1050
运动员					
参与力量训练的运动员[8]		24±4	男	（5.21/Db）- 4.78	1.0890
		35±6	女	（4.97/Db）- 4.52	1.0990
参与耐力训练的运动员		21±2	男	（5.03/Db）- 4.59	1.0970
		21±4	女	（4.95/Db）- 4.50	1.1000
柔道运动员（训练前）[12]		22.6±2.9	男	（4.97/Db）- 4.52	1.0990
柔道运动员（训练后）[12]		22.6±2.9	男	（4.94/Db）- 4.48	1.1020
健美运动员[13]	赛前12周	35.3±5.7	女	（4.99/Db）- 4.55	1.0980
	赛前6周	35.3±5.7	女	（4.97/Db）- 4.53	1.0988
	赛前3～5天	35.3±5.7	女	（4.94/Db）- 4.48	1.1007
健美运动员[14]	赛前10周	26.0±4.8	男	（5.11/Db）- 4.67	1.0943
	赛前5天	26.3±4.7	男	（5.08/Db）- 4.64	1.0946
所有运动的运动员		18～22	男	（5.12/Db）- 4.68	1.0930
		18～22	女	（4.97/Db）- 4.52	1.0990
非运动员		15～44	女	（4.96/Db）- 4.51	1.1010
临床群体**					
肝硬化患者（儿童A）				（5.33/Db）- 4.91	1.0840
儿童B				（5.48/Db）- 5.08	1.0780

续表

人群	年龄/岁	性别	体脂百分比/%	去脂体重密度*（g/cm³）
临床群体**				
儿童 C			（5.69/Db）− 5.32	1.0700
肥胖者	17～62	女	（4.95/Db）− 4.50	1.1000
脊柱损伤者（截瘫/四肢瘫）	18～73	男	（4.67/Db）− 4.18	1.1160
	18～73	女	（4.70/Db）− 4.22	1.1140

* 基于所选研究论文中报道的去脂体重密度平均值。

** 没有足够的多组分模型数据可以用于估计以下临床群体的平均去脂体重密度：冠心病、心肺移植、慢性阻塞性肺疾病、囊性纤维化、糖尿病、甲状腺疾病、人类免疫缺陷病毒/艾滋病、癌症、肾功能衰竭（透析）、多发性硬化和肌营养不良。

资料来源：经许可，引自 V. Heyward and D.R. Wagner, "Body Composition Definitions, Classification, and Models," in *Applied Body Composition Assessment*, 2nd ed. (Champaign, IL: Human Kinetics, 2004), 9.

实践启示

传统的两组分模型在假设去脂体重密度为 1.10g/cm³ 时会产生更高的误差。对该值可以使用表 7.1 中的值进行调整。例如，对于一个 10 岁的白人男孩，除非去脂体重的密度从 1.10g/cm³ 调整到 1.0917g/cm³，否则根据两组分模型（使用水下称重法或空气置换法）测量的身体脂肪可能会被高估 3%～8%。计算的公式体脂百分比为（5.13 除以身体密度）减去 4.69。在运动员中，类似的调整已经被证明是需要的，如大学生摔跤运动员，其去脂体重密度低于 1.10g/cm³。当使用两组分模型时，参考表 7.1 了解其他人群。

（二）身体总水量法

身体总水量法（TBW）是通过被测者摄入同位素并随后由测量人员测量分散在其体内水分中的同位素的测量方法，长期以来一直被认为不受年龄以外的人口统计学差异的影响[16]，因为身体总水量法假设去脂体重中的水分含量在不同人群中是恒定的。然而，去脂体重的水分含量被认为会受机体水合状态的影响，肥胖者和正在减体重或增重的个体可能特别容易受到这类偏倚的影响[6,17,18]。在一项对23.5～43.5个月内减体重或增重超过初始体重3%的成年人的研究中，去脂体重中水分含量的变化显著低估了脂肪重量（0.62±1.56kg），而密度测定法则高估了脂肪重量（0.72±1.6kg）[6]。肥胖儿童的去脂体重水分含量较高，密度较低，根据三组分和四组分模型，其骨矿物质含量略有增加[19]。因此，对于肥胖儿童和成人，水下称重法和身体总水量法可能会违背双组分模型的假设。在某些情况下（如怀孕），水分含量可能会改变大约2%[20]。然而，在这类人群中双组分模型是实用且合适的，其他更精确的方法（如DXA）可能由于辐射暴露而不合适。测量人员必须权衡每种方法的风险和优势，找到符合给定条件的最合适方法。

（三）双能X射线吸收法

双能X射线吸收法（DXA）能测量三种身体组分——脂肪重量、瘦体组织和骨量，通常能对大多数人群的这三种身体成分进行良好的评估（见第三章）。对于这种方法，有几个因素影响其有效性，包括运动、测量前进食和饮用液体情况、被测者的体型（厚度、宽度和长度）的变化，以及可用软件的变化（包括制造商、软件更新状况）。此外，因为无法对公式进行研究，研究人员还受到分析软件专有性质的限制。

在许多临床情况下，使用DXA测量运动员的身体成分时，可能很难控制测试条件。尽管大多数实验室仍然允许在测量之前随意摄入食物和液体，然而，最近的研究表明，在评估身体成分之前让被测者禁食和休息可以优化DXA测量[21,22]。食物摄入导致躯干脂肪的测量误差为5%～6%[22]，而此前的运动导致脂肪重量的测量误差为10%[21]。最佳做法是尽可能在禁食和休息条件下进行测量，并在与先前测量相同的条件下进行后续测量。

体型，如极度肥胖和过高，以及体重变化都会影响DXA[6,18]的测量结果。由于DXA测试台的扫描区域有限，身材高大的人往往无法得到完全扫描，因此误差量会有所增加。一种适用于大多数被测者的技术是取左右身体部分扫描的总和[23]，尽管组织厚度可能会带来一些误差[24]。对高个子人的部分扫描结果求和后，其去脂体重被平均高估了3kg，脂肪重量被高估了1kg，并出现了不可接受的技术误差[23]。因此，使用娜娜（Nana）等人[23]研发的技术进行部分扫描然后求和，对于一般人来说是可以接受的，但是对于高个子的人来说仍然需要另一种方法。

普尔哈桑（Pourhassan）[6]的研究显示，与四组分模型相比，DXA 显著低估了体重增加的被测者脂肪重量的增加量（1.73±2.25kg），高估了去脂体重的增加量（2.39±2.78kg）。如果在体重增加或减轻后需要对身体成分进行精确测量，则可以使用四组分模型和磁共振成像来减少偏倚。在训练或比赛过程中，优秀运动员经常会出现体重变化，因此如果使用 DXA 评估身体成分的话，可能需要进行校正[5,25,26]。使用 DXA[25]测量时，可能会高估脂肪重量的减少，低估脂肪重量的增加，这可能是软组织水分含量改变引起的。当跟踪身体脂肪水平较低的运动员的身体脂肪变化时，特别是在水合状态变化很常见的运动中，应谨慎使用 DXA。

DXA 制造商会为不同人群提供不同的软件选项。例如，在测量儿童的身体成分时，应使用带有校正系数的儿童软件，并结合制造商的使用指南，以减少体型和年龄的影响。此外，一些制造商还为那些躺在测试台上时厚度较大的人提供了扩展的分析选项。尽管用户无法避免软件专有性质的限制，但他们可以遵循制造商提供的推荐选项。当软件版本升级时，我们建议重新分析正在进行后续随访的被测者之前的扫描结果，以便使用相同的软件版本进行比较。

（四）总体钾计数法

总体钾（TBK）计数法是一种实验室方法（见第二章）。通过专门设计的探测器，相关人员可以对人体中自然产生的放射性钾进行计数。由于总体钾/去脂体重比值已被确定，总体钾计数可用于测定身体成分。然而，可能需要对总体钾进行校正，因为每千克去脂体重的总体钾在整个儿童时期都会增加，在青少年后期达到一个恒定值。基于 4 具成年尸体的分析得出了 2.66g 总体钾/kg 去脂体重的成人值[27]。其他不同年龄段成年白种人和非裔美国男性和女性的总体钾估算值在其他文献中得到了汇总[28]。对于儿童，总体钾与去脂体重的比例较低，女孩为 2.11~2.31g 总体钾/kg 去脂体重，男孩为 2.31~2.42g 总体钾/kg 去脂体重[29,30]。当使用总体钾计数法作为身体成分评估方法或作为多组分方法的一部分时，为所研究的人群选择合适的总体钾/去脂体重换算比例是很重要的。

二、现场方法

在以下部分，我们将讨论的现场方法有皮褶厚度法、超声法、生物电阻抗法和体重指数（BMI），涉及较多人群，如儿童、老年人和运动员。

（一）研究者使用的公式与适用于特殊人群的公式

对于现场方法，研究表明，使用杰克逊–波洛克皮褶厚度公式这样的普适性公式可能不适用于特殊人群，如儿童、女运动员等。因此，数百个公式已被建立以估算特殊人群的身体成分。在许多情况下，这些公式可能是研究者专有公式，这意味着给定的研究可能使用了特有的测量方案，比如使用以前的研究者没有使用的程序测量皮褶厚度，或者在研究设计中存在其他偏倚。

洛曼等人[31]的研究显示，测量人员、皮褶厚度仪类型和公式的选择对身体脂肪的估算有影响。四位专家使用四个不同的皮褶厚度仪测量了五个皮褶部位，使用与杰克逊–波洛克公式中相同的程序文件[32]。他们使用五个不同的公式来估算体脂百分比，以显示错误使用公式的结果。洛曼[31]发现测量人员对五个皮褶部位中的三个部位的测量有相当大的差异（大腿、髂上和腹部测量位点的百分比差异为 25%～40%），这说明客观性很低。此外，皮褶厚度仪和测量人员之间存在交互作用，一些测量人员的测量结果有很大的差异，但不是所有的测量人员都是如此。公式的使用、皮褶厚度仪和测量人员的选择导致了 14.1%～28.1% 的身体脂肪差异。为了进一步说明测量人员对皮褶厚度评估的影响，洛曼[33]比较了两项测量女运动员的四个相同部位皮褶厚度的研究发现，在总皮褶厚度中，不同研究之间存在 14mm 或 3% 的测量差异。这些研究表明了遵循标准化测量技术、使用研究者熟悉的皮褶厚度仪和为被测者选择最合适的公式的重要性。此外，在评估性研究中，研究者应该评估所使用的方法是否是普遍适用的标准化方法，以及该研究是否已在该领域进行了交叉验证，从而使发表的任何现场方法的公式可以普遍适用，而不是仅适用于某些研究或研究人员。

（二）皮褶厚度法

在第四章总结了建立普遍适用的皮褶厚度公式的各种方法。史蒂文斯等人最近发表了一种最普遍的方法[34]，公式适用于儿童和成人，使用了美国国家健康与营养调查（National Health and Nutrition Examination Survey，NHANES）第三版和第四版（1998—2004 年）的代表性样本。

在非运动员成年人中，最有效的身体脂肪公式是杰克逊–波洛克公式，它使用了 3、4 或 7 个部位皮褶厚度的总和[35,36]。杰克逊和波洛克的研究很好地描述了测量 3、4 或 7 个部位皮褶厚度的研究方案[37]。尽管它们被广泛使用，但彼得森等人[38]使用四组分模型得出结论，杰克逊–波洛克公式将成年女性的体脂百分比高估了 6%。对这个意想不到的结果可以用彼得森等人的方法上存在的差异来解释。这些研究者对皮褶厚度使用了错误的测量方案，为新开发的公式报告了异常大的估计标准误，并且没有像洛曼等人[39]建议的那样，将水分作为去脂体重变化的一部分来保证四组分模型的准确性。他们还省略了计算推荐的 4 个部位皮褶厚度的统计程序，没有准确引用用于评估的杰克逊–波洛克公式，并且当使用与参考方法相比较的预测公式（X）时，没有按照霍普金斯（Hopkins）[40]建议的那样修正布兰德–奥特曼分析程序。鉴于这些原因，不推荐使用彼得森的方法。近期，杰克逊等人[41]用 DXA 作为标准方法对杰克逊–波洛克公式进行了评价。这些研究者发现杰克逊–波洛克公式可以被修正，以更好地适用社会和种族多样化的年轻男性和女性（表 7.2）。然而，有证据表明 DXA 低估了脂肪重量，并可能限制推荐公式的准确性[42]。

表 7.2　传统杰克逊–波洛克公式和推荐的修正公式

对象	杰克逊–波洛克两组分西丽公式[37]	R	SEE
女性	%BF–GEN（0.4453×∑F）–（0.0010×∑F^2）–0.5529	0.84	3.9
男性	%BF–GEN（0.3460×∑M）–（0.0006×∑M^2）–3.9428	0.91	3.4
对象	杰克逊等人的 DXA 公式（修正的公式）[41]	R	SEE
白人女性	%BF–DXA =（0.4446×∑F）–（0.0012×∑F^2）+4.3387	0.86	3.8

续表

对象	杰克逊等人的 DXA 公式（修正的公式）	R	SEE
西班牙裔女性	%BF－DXA（0.4446×∑M）－（0.0012×∑F²）＋6.7066	0.83	3.4
白人男性	%BF－DXA＝（0.2568×∑F）－（0.0004×∑F²）＋4.8647	0.92	3.0
西班牙裔男性	%BF－DXA＝（0.2568×∑F）－（0.0004×∑F²）＋5.5458	0.91	3.0
非裔美国男性	%BF－DXA＝（0.2568×∑F）－（0.0004×∑F²）＋3.8954	0.95	2.6

注：SEE 为估计标准误；%BF－GEN 为西丽两组分体脂百分比公式的体脂百分比；%BF－DXA 为 DXA 的体脂百分比；∑F 为肱三头肌、髂上和大腿皮褶厚度之和；∑M 为杰克逊等人[37,41]皮褶厚度测试方案中的胸部、腹部和大腿皮褶厚度之和；R 为相关系数。

在儿童和青少年中，我们推荐下面的洛曼公式[33]，其中包括肱三头肌和小腿部位的皮褶厚度，或者肱三头肌和肩胛下部的皮褶厚度。罗米奇（Roemmich）等人[2]和黄等人[43]使用四组分模型对这些公式进行了成功的交叉验证。值得注意的是，使用肱三头肌加肩胛下部皮褶厚度的二次方程不适用于皮褶厚度测量值较高的被测者，当皮褶厚度之和（∑SF）>35mm 时，使用线性方程是必要的。

肱三头肌和小腿皮褶厚度

7～17 岁男性：

$$体脂百分比＝0.735×∑SF＋1.0 \tag{7.1}$$

7～17 岁女性：

$$体脂百分比＝0.610×∑SF＋5.0 \tag{7.2}$$

肱三头肌和肩胛下部皮褶厚度（>35mm）

男性（其中 I 是下表 7.3 中的截距）：

$$体脂百分比＝0.783×∑SF＋I \tag{7.3}$$

女性：

$$体脂百分比＝0.546×∑SF＋9.7 \tag{7.4}$$

肱三头肌和肩胛下部皮褶厚度（<35mm）

男性（其中 I 是下表 7.3 中的截距）：

$$体脂百分比＝1.21×∑SF－0.008×∑SF^2＋I \tag{7.5}$$

女性：

体脂百分比 $= 1.33 \times \Sigma SF - 0.013 \times \Sigma SF^2 + 2.5$（2.0 黑人，3.0 白人）

$$(7.6)$$

由于男性的截距随成熟程度和种族的不同而不同，因此使用表 7.3 中给出的截距代替公式 7.3 和 7.5 中的 I。

因此，一个肱三头肌皮褶厚度为 15，肩胛下部皮褶厚度为 12 的青春期男性白人的体脂百分比为：

体脂百分比 $= 1.21 \times 27 - 0.008 \times 27^2 - 3.4 = 23.4\%$

表 7.3　公式 7.3 和公式 7.5*中男性的截距（ I ）

年龄	黑人	白人
青春期前	-3.5	-1.7
青春期	-5.2	-3.4
青春期后	-6.8	-5.5
成年期	-6.8	-5.5

*使用斯劳特（Slaughter）等人的公式计算得出[44]。

当该青春期的男性 $\Sigma SF > 35mm$ 时，例如，肱三头肌和肩胛下部皮褶厚度之和为 40mm，则

体脂百分比 $= 0.783 \times 40 - 3.4 = 27.9\%$ $\qquad (7.7)$

史蒂文斯等人[45]发表了 8～17 岁儿童的预测公式，使用 1999—2003 年 NHANES 全国概率数据，并以 DXA 为标准方法对西班牙裔和黑人儿童进行了校正。因为 DXA 不是一个参考方法，所以使用四组分模型对史蒂文斯等人的公式进行交叉验证是很重要的。在此之前，推荐使用之前的公式（7.1～7.6）。

实践启示

　　当测量人员接受培训并使用正确的方案时，已经根据四组分模型验证的皮褶厚度公式的准确性较高，在 3%～4% 的体脂范围内。这种准确性水平对于现场方法来说是非常好的。这些精选的皮褶厚度公式是为儿童和运动员准备的。高准确

性的关键是要遵循为所使用公式建立的方案，并接受皮褶厚度测量技术的适当培训。测量人员最好是接受与专业人士面对面的培训，以确保所进行的测量是正确的。建议由信誉良好的机构进行认证。

在运动员中，埃文斯等人[46]使用皮褶厚度法和四组分模型，一般公式为 3 个（肱三头肌、腹部和大腿）或 7 个（肱三头肌、肩胛下部、腹部、大腿、胸部、腋下和髂上）部位的皮褶厚度（SK），并根据性别（男性：m，女性：f）和种族进行校正。

$$\Sigma 3\ 皮褶厚度 = 体脂百分比 = 8.997 + 0.247 \times 3SK - 6.343 \times 性别 - 1.998 \times 种族 \tag{7.8}$$

$$\Sigma 7\ 皮褶厚度 = 体脂百分比 = 10.566 + 0.121 \times 7SK - 8.057 \times 性别 - 2.595 \times 种族 \tag{7.9}$$

其中，性别为 0 是女性，为 1 是男性；种族为 0 是白人，为 1 是黑人。

尽管老年人皮肤褶皱的可压缩性会随着年龄的增长而变化，但对老年人的研究尚不多见。老年人的相关研究是由建立了皮褶厚度预测公式的威廉斯（Williams）等人[47]使用多组分模型进行的。

$$男性体脂百分比 = 0.486 \times \Sigma 4SK_m - 0.0015 \times \Sigma 4SK^2 + 0.67 \times 年龄 - 3.83 \tag{7.10}$$

$$女性体脂百分比 = 0.488 \times \Sigma 4SK_f - 0.0011 \times \Sigma 4SK^2 + 0.127 \times 年龄 - 3.01 \tag{7.11}$$

其中

$$\Sigma 4SK_m = 胸部 + 肩胛下部 + 腋下 + 大腿 \tag{7.12}$$

和

$$\Sigma 4SK_f = 肱三头肌 + 肩胛下部 + 腹部 + 小腿 \tag{7.13}$$

（三）超声法

利用超声波技术可以测量皮下脂肪层，皮下脂肪层与全身脂肪的关系类似于皮褶厚度与全身脂肪的关系。但是，与本章中讨论的许多其他方法一样，通过超声法所测脂肪和通过参考方法所测体脂百分比之间的关系在不同的人群中可能不同。在过去的 30 年里，超声法已经被证明在准确估算体脂百分比方面与皮褶厚度法相似

（见第三章）。然而，穆勒等人[48,49,51]和施托赫勒等人[50]最近使用的半自动方法使测量人员可以更可靠和更准确地估计脂肪厚度。测量者内部的可靠性有所改善，组内相关系数和估计标准误[48]分别从 0.968 和 0.6mm 提高到 0.998 和 0.55mm[51]。因此，在需要准确测量皮下脂肪的地方，未来可能使用超声法。此外，超声法可能会提供一种更有效的体脂百分比测量方法，特别是在较瘦的运动人群中，因为它具有在不压缩脂肪层的情况下检测随时间发生的微小变化的灵敏度[51]。未来的研究将使用四组分模型对超声法和皮褶厚度法测得的体脂百分比进行比较，以确保这种新方法在不同人群中的实用性。

（四）生物电阻抗法

在第四章我们总结了生物电阻抗法（BIA）的不同测量方法，因为硬件和测量配置不同，对使用不同硬件建立的公式进行修正是很重要的。接下来，我们将首先介绍单频臂－臂和腿－腿的方法，然后是全身单频四电极法，最后是多频八电极法。在每一部分我们将介绍不同人群的推荐公式。虽然已经开发了针对所有年龄段特殊人群的 BIA 公式，例如，海沃德（Heyward）和瓦格纳（Wagner）[52]以及米莱契（Mialich）等人[53]所描述的公式，这些公式中的许多都没有使用四组分模型进行交叉验证，可能存在测量偏倚。推荐的公式已经通过四组分模型进行了验证，具有可接受的错误率和低偏倚，并已进行交叉验证。

（五）单频 BIA

一般来说，估计身体成分时，臂－臂和腿－腿 BIA 不如全身 BIA（臂－腿法）准确。商业和实验室的硬件都是为测量手臂或腿的电阻而设计的。巴尔托克等人[54]和克拉克等人[55]在对大学摔跤运动员群体进行研究时，通过将 BIA 与四组分模型进行比较，仔细研究了腿部的电阻。最低体重是大学摔跤比赛中的一项重要测量指标，因为摔跤运动员需要保持一定的最低体重和至少 5% 的身体脂肪水平才有资格参加比赛。克拉克等人[55]在 57 名大学男子摔跤运动员中比较了腿－腿 BIA 和四组分模型。预测最低体重的估计标准误为 3.4kg，误差与被测者体重和体脂百分比显著相关，与四组分模型相比也显示出偏倚。腿－腿 BIA 对身体水分的预测也产生了不可接受的较大的估计标准误。他们由此得出结论，腿－腿 BIA 不是一种可以接受的预测摔跤运动员最低体重的方法。另外，巴尔托克等人[54]使用腿–腿 BIA 和皮褶厚度法测量脱水和水合状况良好的摔跤运动员，并与四组分模型进行比较。在水合状况良好的被测者中，皮褶厚度法对最低体重的预测效果最好（估计标准误为2.0kg），腿–腿 BIA 的估计标准误为 3.5kg。脱水摔跤运动员的估计标准误在所有方法中都较高。杰布（Jebb）等人[56]和努涅斯[57]等人进行的早期研究显示腿–腿 BIA 的准确性略低于全身 BIA。然而，在这两项研究中，腿–腿 BIA 的估计标准误都比平时大，身体成分估算值并没有对体重指数有较大程度的改善（BIA 和体重指数与四组分模型的偏倚±95%一致性界限分别为 0.9±10.2 和 –0.9±10.8）[56]。基于该综述的内容，我们发现全身 BIA 比臂–臂或腿–腿 BIA 能更准确地评估身体成分。

实践启示

　　将单频 BIA 作为现场方法估算身体水分含量和身体脂肪的公式需要我们标准化被测者的水分含量和运动水平。因此，在使用单频 BIA 进行测量时，测量人员遵循所有的注意事项是非常重要的，特别是与水合状态有关的情况。第四章详细介绍了这些注意事项。没有遵循注意事项的客户不能接受测试，因为水分含量不正常会导致测量误差增大。另外，测量人员在不同时间对客户进行追踪测量时，在类似条件下遵循标准化方案是非常必要的，从而保证水分含量在不同的测量时间变化较小。

　　BIA 的其他应用还包括相角分析和生物电阻抗矢量分析。拜劳（Bera）[58]对这些方法进行了总结。沃尔特–科罗克（Walter–Kroker）等人[59]介绍了一个使用生物电阻抗矢量分析的 BIA 在慢性阻塞性肺疾病患者中的应用实例，并且可以提供用于确定流体状态、身体细胞质量和细胞外细胞质量的有用工具。虽然这些领域超出了本书的范围，但读者可能会感兴趣。

1. 成人 BIA 公式

　　用于估算去脂体重的成人 BIA 公式如表 7.4 所示，这些公式是穆恩推荐给运动员的。然而，穆恩[60]建议应谨慎使用这些公式，因为适用于运动员的专用 BIA 公式还没有通过多组分模型开发出来。同样，对于成人这些公式也应被谨慎使用，因为不同的研究人员使用 BIA 得出了不同的结果。伊莱亚[61]观察到其预测成年男性和女性身体水分含量的估计标准误很大（女性是 2.5kg，男性是 3.5kg），在体重和身高上也是如此。库什纳和舍勒[62]测得的估计标准误要小得多，如第四章所示。不同研究之间的部分差异可能是由于研究样本的异质性，更大的异质性导致更大的估计标准误。因此，表 7.4 中的公式被推荐用于 BIA。

表 7.4　成人 BIA 推荐的去脂体重（FFM）公式

性别和年龄分组	FFM 公式
女性，18～30 岁	$FFM = 0.476 \times (Ht^2/R) + 0.295 \times Wt + 5.49$
女性（活跃），18～35 岁	$FFM = 0.666 \times (HT^2/R) + 0.164 \times Wt + 0.217 \times Xc - 8.78$
女性，30～50 岁	$FFM = 0.536 \times (HT^2/R) + 0.155 \times Wt + 0.075 \times Xc + 2.87$
女性，50～70 岁	$FFM = 0.470 \times (HT^2/R) + 0.170 \times Wt + 0.030 \times Xc + 5.7$
男性，18～30 岁	$FFM = 0.485 \times (Ht^2/R) + 0.338 \times Wt + 5.32$
男性，30～50 岁	$FFM = 0.549 \times (HT^2/R) + 0.163 \times Wt + 0.092 \times Xc + 4.51$
男性，50～70 岁	$FFM = 0.600 \times (HT^2/R) + 0.186 \times Wt + 0.226 \times Xc - 10.9$

注：Ht 为身高（cm）；Wt 为体重（kg）；R 为电阻（Ω）；Xc 为电抗（Ω）。

基于四组分模型的身体总水量和去脂体重的附加公式如表 7.5 所示，因为它们已被用于使用 NHANES Ⅲ 的数据生成美国国家标准[63]。

表 7.5　BIA 和 NHANES Ⅲ 参与者推荐的身体总水量和去脂体重公式

男性	身体总水量 $= 1.203 + 0.176 \times Wt + 0.449 \times (Ht^2/R)$	$r^2 = 0.84$，RMSE $= 3.8L$
女性	身体总水量 $= 3.747 + 0.113 \times Wt + 0.45 \times (Ht^2/R)$	$r^2 = 0.79$，RMSE $= 2.6L$
男性	去脂体重 $= -10.678 + 0.262 \times Wt + 0.652 \times (Ht^2/R) + 0.015 \times R$	$r^2 = 0.90$，RMSE $= 3.9kg$
女性	去脂体重 $= -9.529 + 0.168 \times Wt + 0.696 \times (Ht^2/R) + 0.016 \times R$	$r^2 = 0.83$，RMSE $= 2.9kg$

注：Wt 为重量（kg）；Ht 为身高（cm）；R 为电阻（Ω）；RMSE 为均方根差；r^2 为决定系数。

2. 儿童和青少年的 BIA 公式

人们担心儿童和青少年身体脂肪和去脂体重的准确评估受年龄、成熟度和体形随生长发育而变化的影响，这可能会改变阻力指数和身体成分之间的关系。采用库什纳等人[65]的方法，蒙塔涅斯（Montagnese）等人[64]已经解决了将单一 BIA 公式应用于4～24 岁人群的问题。在儿童和年轻人的大样本中，蒙塔涅斯等人[64]发现年龄或青春期状况会影响阻力指数与去脂体重的关系，估计标准误从 2.8kg（不受年龄影响）降低到 2.6kg。库什纳[65]等人研究了 37 名青春期前儿童和 44 名学龄前儿童，发现只有学龄前儿童在 BIA 和身体总水量法的比较中存在显著的偏倚。因此，需要单独开发儿童和青少年的公式，以改进对其去脂体重的预测。

胡特库珀等人[66]的公式是基于 94 名 8～15 岁的男孩和女孩的样本。这个由胡特库珀等人开发的公式由韦尔斯等人[67]使用四组分模型进行了交叉验证。尽管蒙塔涅斯等人的研究[64]预测去脂体重的估计标准误为 2.9kg，但是胡特库珀等人[66]的研究预测去脂体重的估计标准误为 2.1kg。

$$去脂体重 = 0.61 \times (Ht^2/R) + 0.25 \times Wt + 1.31 \qquad (7.14)$$

对于男、女儿童运动员，穆恩[60]推荐洛曼[33]公式。

$$8～15 岁：去脂体重 = 0.620 \times (Ht^2/R) + 0.210 \times Wt + 0.100 \times Xc + 4.2 \qquad (7.15)$$

（六）多频 BIA

多频设备通常不用于公共用途，但在研究和医疗机构中会大量使用。这些设备的优点是，更高的频率能使电流穿透细胞膜，并且除了传统的身体成分测量之外，还可以测量细胞内体积[57]。BIA 评估身体成分的最佳结果来自博瑟−韦斯特法尔等人[68]的八电极多频 BIA（见第四章）。对躯干指数修正后，多频 BIA 对去脂体重和身体水分含量的预测结果都优于单频 BIA。

（七）体重指数

第四章中讨论的体重指数（BMI）是由体重和身高派生而来的简易指标，在测量大样本人群时特别有用。它通常被用作超重和肥胖的筛选测量指标，并基于体重与脂肪含量成正比这一假设。该假设在某些人群中是不成立的，特别是对于那些肌肉发达的人。此外，BMI、肥胖和疾病风险之间的关系在不同人群中的差异也是值得关注的问题。对于这些问题我们将在以下部分讨论，首先讨论成年人的 BMI，然后讨论儿童的 BMI。

1. 成年人的 BMI

研究人员质疑 BMI 是否能在不同的年龄、性别和种族 / 民族背景下，能很好地区分身体脂肪含量较高的人。BMI 作为肥胖的代表性评估指标，在成年人中会受到年龄和性别的影响[69]。一项研究发现，在对性别和年龄进行校正后，BMI 与种族 / 民族无关，尽管这项研究仅限于 202 名黑人和 504 名白人[1,69]。但是，其他几项研究表明 BMI 和全身脂肪含量（TBF）之间的关系存在种族和民族差异。对欧洲人、毛利人、太平洋岛屿居民和亚洲印度人的比较发现，不同种族/民族的 BMI 和身体脂肪存在显著差异[70]。例如，在欧洲人群中，TBF 为 29% 的男性和 TBF 为 43% 的女性，BMI 都是 30，但太平洋岛屿居民的 BMI 大约高出 5 个单位，亚洲印度人低了 5 个单位。如果 BMI 为 30，太平洋岛屿居民相应的 TBF 百分比比亚洲印度人低 9%～12%（男性 TBF 分别为 25% 和 37%，女性分别为 38% 和 47%）[70]。

在另一项研究中，费尔南德斯等人[71]对来自不同背景（西班牙裔美国人、非裔美国人和欧裔美国人）的 487 名男性和 933 名女性进行了 BMI 和 TBF 百分比的比较。在西班牙裔美国人中，男性和女性样本分别为 30.2% 和 19.4%，非裔美国男性和女性样本分别为 30.4% 和 32.6%，欧裔美国男性和女性样本分别为 39.4% 和 48.0%。在西班牙裔和欧裔美国人、非裔和欧裔美国人、西班牙裔和非裔美国人背景的男性之间，BMI 和 TBF 百分比之间的关系没有显著差异。然而，BMI 预测的 TBF 百分比，在西班牙裔和欧裔美国人（$P < 0.002$）以及非裔美国人和西班牙裔美国人背景的女性（$P = 0.020$）之间存在显著差异（但非裔和欧洲裔美国人例外）。此外，与欧裔美国人和非裔美国人相比，西班牙裔美国人的 BMI＜30 与更多的身体脂肪有关。但是，与非裔美国人或西班牙裔美国人相比，欧裔美国人的 BMI＞35 与更多的身体脂肪有关[71]。作为具有代表性的样本，这些研究表明，BMI 与 TBF 的关系确实存在种族和民族差异，提示 BMI 可能不适合作为 TBF 的替代测量指标。

与发病率和死亡率相关的 BMI 临界点是在主要有高加索人参与的样本中创建的。即使在高加索人中，BMI 也被证明是有高度特异性的，但在肥胖症诊断方面并不敏感。特异性是指某种测量方法（在此为 BMI）正确地识别一个人没有疾病（在此为没有过度肥胖）的能力，而敏感性是某种测量方法（在此为 BMI）正确地将某人归类为患有某种疾病（在此为过度肥胖）的能力。对 32 项研究的 Meta 分析发现，BMI 测量的总体特异性为 90%，而敏感性为 50%。并且这些研究发现，BMI 在中国人群中表现出的敏感性（7 项研究中有 5 项＞80%）与美国人群（13 项研究的敏感性范围为 43%～69%）相比更高，而在其他亚洲国家（印度、新加坡、泰国、日本）人群中的敏感性较低（5 项研究的敏感性范围为 8.9%～34%）[72]。

尽管在美国进行的研究包括各种种族和民族，但以高加索人为主。13 项美国的研究中有 3 项显示 BMI 的特异性较低，尽管总体上的特异性很高[72]。低敏感性可能导致在许多人群中过度低估了肥胖程度，主要是因为给定身高下瘦体重和骨量都较低。过度低估肥胖程度会导致有较高发病率和死亡风险的人没有在诊所或社区医院得到健康生活方式的相关建议。

BMI 多年来一直在成年人中不加区别地被使用，但研究表明，它在检测老年人肥胖症方面的敏感性和特异性也可能有限。老年人往往会随着年龄的增长经历身体成分的变化，瘦体重和骨量的减少，以及脂肪重量的增加，导致他们的体重表现为持续稳定。此外，随着成年人步入老年，慢性病的患病率也在增加。慢性病已被证明会改变身体成分，但与体重无关，这降低了 BMI 评估肥胖程度的效果[71,73,74]。

综上所述，目前推广的 BMI 临界点并不适合成年人。与其他已经充分验证的方法相比，种族/民族特异性与 BMI 切点间的关系，BMI 与身体脂肪的关系，以及 BMI 与发病率和死亡率的效应关系方面需要更多的研究。

实践启示

成年人的 BMI 在用来评估肥胖程度时有 5%～6%的估计标准误。因此，许多 BMI 在 25～30 的人即使被归类为超重，也可能并不超重。而另外一些人即使他们的 BMI 低于 30 却可能属于超重，并且脂肪水平超过 32%。相反，可能有一些人看起来很肥胖，且 BMI 值大于 30，但由于他们肌肉发达，他们的体脂百分比可能很低。任何时候，通过测量身体脂肪含量来评估健康状况会比计算 BMI 更有利，因为 BMI 不能区分脂肪和瘦体重。大规模的流行病学研究依赖于 BMI 测量，限制了关于身体成分的结论。

2. 儿童的 BMI

儿童和青少年超重和肥胖通常由特定年龄和性别的 BMI 百分位数来定义（如

正常参考值）。该方法对于大规模筛查很方便且经济有效，并且对于追踪可能更为适用。儿童 BMI 在预测 35 岁时超重的价值从童年到青春期早期，以及从青春期早期到青春期后期都在增加，特别是对于那些在童年时期处于第 95 百分位的儿童而言[11]。然而，在利用 BMI 评估身体成分方面还需要更多的研究。

在利用 BMI 评估儿童的肥胖程度时，对个体的预测误差很大（5%～7% 的估计标准误）。那些高于他们年龄的 BMI 第 95 百分位的儿童很可能过度肥胖。然而，由于发育程度、肌肉含量、腿长和骨量等差异的存在，对于介于第 85～95 百分位的儿童，BMI 几乎不可能区分过度肥胖的情况。此外，那些基于身高标准的去脂体重高于平均水平的人，比如运动员或肌肉发达的普通人，也很容易被错误分类[11]。最近由贾维德（Javed）等人[75]进行的系统综述（$n=37$ 篇）和 Meta 分析（$n=33$ 篇）发现，在 4～18 岁的儿童中（$n=53521$ 人），BMI 对检测过度肥胖有很高的特异性，但敏感性有限。诊断过度肥胖的敏感性为 0.73，特异性为 0.93。诊断比值比为 37（95%可信区间：21～66）；在男性中，总敏感性为 0.67，总特异性为 0.94；对于女性，总敏感性为 0.71，总特异性为 0.95。这意味着 BMI 未能识别出超过 25% 的身体脂肪过多的儿童。这主要是由不同种族之间的差异，BMI 临界点、参考标准，以及评估肥胖的参考方法的差异造成的。

目前的研究已经从使用 BMI 标准的分类过渡到使用切点，且 BMI 的切点与代谢性心血管疾病风险因素之间的联系，以及 BMI 与性别特异性增长曲线的关联正在建立之中，以解决 BMI 标准分类应用中的局限性。研究人员利用受试者工作特征曲线（Receiver Operating Characteristic，ROC）分析新的切点，量化不同 BMI 切点对应体脂百分比标准的敏感性和特异性。依据体脂百分比进行风险分级后，根据新的 BMI 切点，年轻人被归入相应的风险类别[11,76-78]。利用 NHANES Ⅲ（1998—1994 年）的数据，戈因等人[79]发现在 6～18 岁的儿童中，尤其是当男孩 TBF 百分比为 20% 和女孩 TBF 百分比为 30% 时，体脂百分比与心血管疾病风险因素显著相关。年龄（不是种族）和体脂百分比之间的交互作用是这些风险的重要预测因素。一些专业团体采用在美国学生体质测评体系（FitnessGram）里广泛使用的新标准，而总统青年健身运动委员会推动的全国青年体质测试[11]使美国的学校正在广泛使用 BMI。新标准需要在其他人群中进一步验证。

肥胖并不是儿童和青少年中唯一令人担忧的问题。临床医生也使用年龄 BMI 百分位数来筛查营养不良的问题，并根据儿童与参考人群的生长情况来确定儿童的进食障碍问题。运动员，特别是那些从事健美运动的运动员，进食障碍的风险很高[11,80]。由于 BMI 评估生长发育阶段的局限性，可能需要其他的临床指标来确认营养不良和识别进食障碍。临床医生在监测体重不足和随后的体重增加时，应该了解 BMI 的潜在局限性，同时采用其他身体成分测量方法，以便明确所增加体重的成分特征。

三、总结

在这一章中，我们回顾了适用于不同人群的身体成分评估方法——实验室方法和现场方法。通常，任何测量方法都需要被测人群符合相应方法的适用条件。使用现场方法时，重要的是依据被测者的条件选择最合适的方法和公式，适宜的公式通常已经在大样本人群中采用多组分模型被进行了验证，并经过了其他研究小组的交叉验证。验证结果表明这些公式具有较高的准确性，与标准方法相比误差和偏倚都较小。我们在本章已经介绍了这些经过验证的公式。所以，任何时候进行测量时，测量人员始终应该确保遵循原始验证研究中采用的操作方案。

（李然主译）

第八章　身体成分的应用

瓦妮莎·里苏尔·萨拉斯，理学硕士，注册营养师（Vanessa Risoul Salas，MS，RD）

阿尔芭·雷关特·克洛萨，理学硕士，注册营养师（Alba Reguant Closa，MS，RD）

路易斯·B. 萨丁哈，博士（Luis B. Sardinha，PhD）

玛格丽特·哈里斯，博士（Margaret Harris，PhD）

蒂莫西·G. 洛曼，博士（Timothy G. Lohman，PhD）

努瓦尼·基里亨，理学硕士，注册营养师（Nuwanee Kirihennedige，MS，RD）

南娜·露西娅·迈耶，博士，美国运动医学学会资深会员（Nanna Lucia Meyer，PhD，FACSM）

学习目标

通过本章的学习，你将掌握以下内容：

● 身体成分评估方法在评估营养状况、生长发育、运动训练及减体重等方面的应用

● 各种身体成分评估方法在不同研究领域中的优势

身体成分评估方法适用于多个领域,尽管它们在评估个体和群体数据时有应用价值,但是在每次应用时应考虑实际情况和具体方法。本章概述了身体成分测量的方法学问题,具体包括个体和群体的营养状况、与竞技运动和运动训练的关系、减体重期间的身体成分测量方法、进食障碍恢复过程中的身体成分问题,以及在生长发育、衰老和慢性病过程中身体成分测量的方法学问题。本章由来自不同专业领域的作者共同撰写。

一、营养状况

有必要对体型和身体成分进行量化,以便将一系列机体的影响因素相互关联[1]。众所周知,无论是年轻人还是老年人,某些身体成分组分(如肌肉、骨矿物质含量、骨密度)受到遗传、身体活动、饮食和激素等多种因素的共同影响[2]。相比之下,虽然研究人员对饮食和肥胖之间的关系以及肥胖可在多大程度上代表营养状况这些方面进行了广泛的研究,但这仍是一个充满争议的问题[3]。

营养状况的评估包括注册营养师所进行的全面膳食评估。营养与膳食协会认为该评估应包含人体测量学(包括身体成分)、生化、临床、饮食和环境等诸多方面。其中,人体测量学、生化和临床评估联合使用可达到最佳的评估效果。例如,空腹血糖或血脂联合身体成分评估要比单独身体成分评估的效果更好。事实上,通过血液测试可以了解葡萄糖代谢或血脂水平(如甘油三酯或胆固醇),以获取患者营养状况的相关信息。一个体重过重或者过轻患者的血液测试结果可能会反映代谢问题,如甲状腺疾病、更年期雌二醇变化或肝肾功能问题。最近关于内脏脂肪及其与代谢综合征关系的研究,在预测胰岛素敏感性、葡萄糖耐量和血脂异常方面引起了人们极大的兴趣[4],研究结果表明腰部和躯干的高脂肪分布会增加胰岛素抵抗、血脂异常和炎性反应的风险,并继而诱发慢性病。

有些脂肪含量过高(包括内脏脂肪)的人,通过增加有氧运动,可能会降低慢性病的患病风险。20 世纪 90 年代提出的健康理念——"无论胖瘦,健康就好"广为流传,该理念认为肥胖是多种因素所致,包括营养不良、体重反复波动或静坐少动等不良生活习惯,而不仅仅由脂肪水平决定[5]。因此,将身体成分评估与血液指标结合起来进行分析和判断是最佳选择,因为肥胖或体重过轻并不总是意味着有疾病风险或者身体健康状况良好，并不是所有的肥胖个体都有患代谢和心血管疾病的风险。

一种依据代谢健康的肥胖亚型分类方法将其中一类人群定义为代谢正常但肥胖（Metabolically Healthy but Obese，MHO）的人群，虽然与高危肥胖的个体相比，他们有大量脂肪，但他们表现出正常的代谢特征，其胰岛素敏感性可能为正常或达到很高水平。另一类人群为代谢性肥胖但体重正常（Metabolically Obese but Normal Weight，MONW）的人群，他们的体重指数正常，但具有糖尿病、代谢综合征和心血管疾病的显著危险因素[6]。

对超重和肥胖的个体，身体成分评估方法的选择至关重要。针对这些人群的身体成分测试最好使用双能 X 射线吸收法（DXA），因为与水下称重法和空气置换法（ADP）等密度测定法相比，DXA 侵入性或不适感更小；而与皮褶厚度法相比，其变异性较小。此外，DXA 还可以跟踪记录减体重期间的骨矿物质含量，能更好地评估所减轻体重的具体物质组成。超声波等较新的技术[7]可能会有更高的准确性，但即便无法使用它们，简单的现场评估方法也能提供一些信息（如腰臀比和腰围）。

对其他临床因素的评估（如患者的病史）可以为我们提供健康状况的详细信息。利用这些信息，并结合身体成分数据可以更可靠地评估风险。此外，使用药物或膳食补充剂就像饮食摄入量、饮食模式和饮食行为一样，都会影响新陈代谢、身体成分和营养状况。我们还可以将额外的身体成分数据与被测者所处的环境联系起来，如温度、湿度和海拔等自然环境因素、饮食环境等生活环境因素、工作日程安排及锻炼和休闲的消耗的能量等。

简而言之，饮食评估将为健康专业人员提供比单纯身体成分测量更多的信息，而环境评估将有助于我们了解可能影响整体营养状况的外部因素。因此，身体成分评估结合各种不同参数的测量可以使我们获得比单一测试更有效和更可靠的诊断。

（一）出生前的身体成分

胎儿的瘦体重和脂肪重量在子宫内开始形成，并与母亲的营养摄入量高度相关。妊娠期女性营养缺乏会减少胎儿肌纤维的营养供应，影响胎儿需要维持的肌纤维数量甚至类型。有研究表明，限制母亲饮食会导致胎儿肌纤维类型转变，通常有利于增加 I 型肌纤维的表达[8]。同样需要注意的是，母亲缺乏营养所致的胎儿骨骼肌的生长减少，并不能完全通过后天努力来改善，因为出生时体重较轻的人，成年后肌肉质量仍然处于较低水平[8]。此外，出生时较重和出生后 1～2 年内生长较快的婴儿在以后的生活中瘦体重含量也较高[9]，而且出生后快速生长与儿童 2～3 岁的高肥胖水平相关[10-12]。因此，产前营养将影响胎儿身体成分和其成年后肥胖的风险。还有研究表明，出生时的低体重（<2.5kg）与成年后向心性肥胖的高风险、较低的瘦体重和出生后快速追赶式生长有较高的相关性[13]。因此，女性在怀孕前和怀孕期间摄入充足的能量、蛋白质和微量营养素可以防止后代成年后肥胖[13]。这意味着，想要怀孕或已经怀孕的育龄妇女应该仔细咨询并接受评估，以保证增重是渐进的、恰当的，而非失控的。在此期间，接受科学的营养干预来降低身体过度肥胖的风险极其重要，因此建议相关人员监测女性的肥胖指标（例如，使用生物电阻抗法或超声法等监测其 BMI、腰臀比、皮褶厚度等）。当然，要牢记禁止对妊娠期女性使用 DXA 评估身体成分，因为辐射暴露可能会伤害胎儿[14]。

（二）饮食与身体成分

热力学定律决定着身体的能量平衡。如果一个人摄入的能量少于消耗的能量，他会因为能量负平衡出现体重减轻。相反，如果其摄入的能量比消耗的能量多，能量正平衡将导致体重增加。体重的长期波动通常反映在身体脂肪储存量的变化上[15]。尽管已被简化，但这些通用的概念仍有助于理解身体成分伴随着能量平衡的变化而变化。

在现代西方饮食中，精制糖和植物油被大量使用，它们已经取代了更富营养的食物[16]。这导致饮食营养价值开始降低，使人们的饮食中可能缺乏蛋白质[17]，但更常见的是必要营养素的缺乏，如维生素、矿物质、植物化学物质和膳食纤维，这会进一步增加普通人群营养不良的风险。尽管过重或肥胖人群能量摄入量很高，但他们也会存在营养不足的情况。这种所谓的"高能量营养不良"，就是指能量摄取过量但营养不良的状态[18]。这一特殊状况似乎更多发生在低收入地区和不发达国家，那里的人们正经历着营养转型，他们获得食物更加便捷，但不幸的是，他们开始的这种西方化饮食模式存在高糖、高脂肪和高盐的缺陷。高体脂也与维生素 D 缺乏有关，因为身体脂肪含量过高会将维生素 D 隔离[19]。因此，身体成分数据可以提供有关人们营养风险的实用信息。

（三）生长发育

测量儿童和青少年的身体成分可以评估他们患慢性病的风险。40多年来，博加卢萨心脏研究在探究体重指数和皮褶厚度与慢性病风险增加的关系时一直在提出下面问题：是否存在与获得较高的血脂水平、血压、空腹胰岛素和血糖水平的风险相关的身体肥胖分界点（男孩25%，女孩32%）[20]，怎样才能更好地通过身体成分的评估来识别这种风险[21]。弗里德曼（Freedman）和谢里（Sherry）[22]及弗里德曼等人[23]的研究表明，皮褶厚度（肱三头肌）、身体脂肪（皮褶厚度法）、DXA脂肪估计值和特定年龄的高BMI可以评估儿童和青少年患慢性病的风险。考虑到生长和发育期间这些关系会发生改变，弗里德曼等人使用BMI百分位数来评估风险。研究者发现，当BMI达到或超过对应年龄和性别的第95百分位数时，慢性病发生的风险可能会增加。戈因等人[24]使用美国国家健康与营养调查（NHANES）第三版和第四版对6～18岁的男孩和女孩进行调查发现，男孩体脂百分比为20%、女孩为30%（基于皮褶厚度和威廉斯等人的公式[20]）是慢性病风险的预测因子。

实践启示

虽然一般不推荐使用BMI来评估身体成分，特别是对儿童或运动员，但针对儿童和青少年的研究表明，BMI和皮褶厚度法在评估心血管疾病风险方面都是有价值的。因此，目前BMI被广泛用于评估儿童的健康相关状况。正确地提供关于儿童特定健康风险的信息可以成为预防终生肥胖风险的重要途径。总统体育、健身和营养委员会（President's Council on Sports, Fitness and Nutrition）和美国学生体质测评体系都在朝这个方向努力。

中央区域脂肪和内脏脂肪过量堆积也与慢性病发生风险的增加有关，特别是在肥胖儿童中[25]。但存在一些关键问题：第一，对所有9～16岁儿童和青少年使用同一数值来判断肥胖是否合适（例如，男孩体脂百分比超过20%，女孩体脂百分比超过30%）？第二，在考虑疾病风险时，腰围和臀围的测量是作为皮褶厚度法的补充还是替代方法？第三，男孩和女孩的腰围在不同年龄段的分界点是什么？对这些问

题中的很多方面我们都可以从过去十年 NHANES 对儿童和青少年收集的数据中找到答案。

在过去，人们使用国家标准的身高、体重和 BMI 来评估儿童的健康成长。当时，可用于临床的肌肉和骨骼生长评估方法尚不完善。使用外周定量 CT（Peripheral Quantitative Computer Tomography，PQCT）监测骨骼生长的最新研究进展使我们能够更好地评估骨骼发育情况，并且能在未来更好地指导我们了解身体活动、运动不足和营养状况对骨骼健康的影响[21]。马利纳（Malina）的研究很好地描述了身体成分与性别、种族和年龄之间的相关性[26]。

虽然目前可以用来估计儿童和成人肌肉质量的方法很多[27]，但从大量实验室方法和少量现场方法所得出的研究结果可以清楚地发现，我们仍需要更实用、更方便和更有效的方法来评估肌肉质量。

准确测量儿童生长过程中肌肉质量和骨骼发育的变化是一个重要的研究领域。运动对骨骼发育的影响尚未清楚。通过 PQCT 这项新的技术[28]，人们可以更全面地了解骨骼在整个生命周期中的变化。虽然 BMI 在评估脂肪方面已被广泛应用，但研究显示，BMI 评估身体脂肪并不太准确。相比而言，皮褶厚度法、超声法和生物电阻抗法是身体成分领域更为准确的测量方法，路径研究（Pathways Study）[21]和青少年女性身体活动试验（Trial of Activity for Adolescent Girls，TAAG）[29]等均使用了这些方法。

出生时过重和出生后体重快速增加与儿童肥胖和成年肥胖的关系是近年来人们关注的一个研究领域。不少研究发现，出生后 6 个月和 1 岁内生长较快的婴儿与其 2～3 岁时的肥胖有关[10,11,30]。这些研究大多使用对应身高的体重作为儿童前 3 年肥胖的衡量标准。其他评估婴儿身体成分变化的方法包括皮褶厚度法[31]和空气置换法[32]。研究人员需要进行更多的研究来明确早期生长发育对身体成分的影响。郭（Guo）和丘姆莱亚（Chumlea）[33]对儿童到成年期间的体脂进行了追踪调查。一般来说，研究人员很难跟踪三岁的肥胖儿童一直到成年。因此，婴儿期体重快速增加对其成年时身体成分的长期影响还没有得到很好的证实，仍需进一步的研究。

（四）其他影响身体成分的因素

随着膳食摄入的变化，营养状况和身体成分的关系在整个生命周期中也都联系在一起，不同性别以及不同健康状态的人之间会存在预期差异。老年人的蛋白质摄入量低是一个典型的营养问题。事实上，现有研究结果很可能导致老年人（65 岁及以上）膳食营养供给量（Recommended Dietary Allowance，RDA）的改变，从而达到预防肌少症的目的[34]。随着年龄的增长，身体除了肌肉的退化，还会出现其他的生理变化。例如，随着肌肉量的减少，身体成分会发生有利于脂肪储存的变化。身体成分的这些改变会增加慢性病的患病风险，包括糖尿病和心脏病，也可能导致骨质流失，从而引发骨质疏松症[34]。评估身体成分对于老年人很有帮助，因为它提供了一种诊断肌少症和身体肥胖的工具，从而可以更有针对性地预防与治疗疾病。DXA 是测量老年人身体成分的最佳方法，它可以通过在腰椎和髋部进行骨密度测试来评估老年人患骨质疏松症的风险。因此，身体成分测试，特别是对老年人瘦体重的评估，可以提供关于老年人能量平衡和蛋白质摄入量的信息，而骨量则可以提示钙平衡和维生素 D 含量的问题。

导致身体消瘦衰弱的慢性病（恶病质）也可以将身体成分与营养状况联系起来。恶病质的特征是伴有或不伴有脂肪量下降的肌肉减少。恶病质与慢性病有关，如心力衰竭、慢性阻塞性肺疾病、肾病、感染和脓毒症、癌症和人类免疫缺陷病毒等[35]。在这些情况下，是否需要进一步的身体成分测试，以及使用什么方法，需要由医生选择。我们可以通过了解手臂肌肉区域的情况来掌握肌肉质量的信息。长期住院的患者能量或蛋白质摄入不足是很常见的（恶病质），手臂肌肉区域测量是一种在临床上很实用且被广泛接受的人体成分测量方法，可用来评价患者的营养状况。手臂肌肉的面积可以通过肱三头肌皮褶厚度和臂围数据来计算[36]。

此外，在营养不良的情况下，85%的体重变化是可以用身体成分的改变来解释的[37]。这使我们可以用身体成分来确定营养不良的程度。但是瘦到什么程度才算太瘦呢？多年来，考虑到健康和运动情况，男性和女性对应的最低体脂百分比分别为 5%和 12%[2]。这种体脂水平数值设定存在的问题之一是每种方法都具有可变性，尤其是在没有标准化的情况下[38]。尽管运动员过度体瘦，但是他们在保持健康方面展现出了不同程度的遗传倾向。除了身体脂肪水平，BMI 也可以用来检查营养不良。针对临床、营养不良[39]和运动人群[40,41]，经常用参考数值 18.5 作为体重过轻的阈值。

在极度消瘦的情况下，想准确地评估身体成分是有难度的。使用超声波等新的技术可以直接测量皮下脂肪，在未来其准确性可能会得到证明[42,43]。此外，营养不良后再进食会对身体脂肪分布构成威胁，在这一阶段进行身体成分评估可能会很有价值。我们将在本章后续部分更详细地讨论这些内容，并关注进食障碍的恢复。

二、竞技体育与运动训练

所有运动项目和同一项目中负责不同位置的人都有独特的体型和身体成分。一些运动员可能会根据他们遗传的基因型和体型来选择相应的运动项目。一些竞技运动员也可能会试图通过改变训练方案、饮食摄入量和其他手段来获得他们在运动项目、所在位置或体重级别中所需要的身体成分。然而，有些方法过于极端，往往会导致负面后果[40,41]。例如，禁食或长期饥饿会导致能量缺乏和营养不良，从而耗尽糖原使运动员表现不佳。低水分摄入和穿着发汗服产生的脱水会降低运动能力，并导致新陈代谢异常。更极端的减肥方法甚至可能导致电解质水平低到极其危险的程度，特别是自我催吐会导致大量的体液和电解质丢失[41]。

限制能量摄入是一种常见的减肥方法。在极端限制能量的情况下，快速减体重反而会导致瘦体重的大量丢失。加尔特（Garthe）和他的同事[44]已证明缓慢减体重能在瘦体重减少最小化的基础上有效地减少体重和脂肪重量。众所周知，长期节食和体重反复波动会降低代谢率，这不仅会影响身体成分，还会使长期保持正常的体重和身体成分变得更难[45]。

运动营养师或相关从业人员通常建议在体重管理阶段摄入更多蛋白质。针对体重敏感型项目运动员的建议是补充 1.4～2.0g/（kg·d^{-1}）的蛋白质[45]，而在低能量饮食下摄入 2.3g/（kg·d^{-1}）蛋白质可以保持瘦体重[46]。此外，赫尔姆斯（Helms）等人在最近的一篇文章中[47]提到了体重轻且在限制能量摄入期间接受抗阻训练的受试者，这些受试者在抗阻训练后为了减少骨骼肌丢失，需要摄入蛋白质2.3～3.1g/（kg·d^{-1}）。

身体成分的变化反映了运动训练的积极生理性适应，包括脂肪重量、瘦体重和骨密度的变化。这种适应发生的速率取决于运动的方式、频率、强度和持续时间[48]。众所周知，抗阻运动可以刺激肌肉蛋白质的合成，且当与适当的营养和恢复相结合时，蛋白质合成代谢的途径会得到优化[49,50]。身体对运动负荷适应能力的逐级提高会导致肌肉肥大，特别是刺激了能产生更大力量的 II 型肌纤维[50]。高强度训练可以诱导类似于 IIa 型肌纤维的肥大反应，就像在抗阻运动中显示的那样[1]。负重运动和高冲击性活动可增加骨密度[51,52]，接受抗阻训练的人群的骨密度和瘦体重应该高于静坐少动的人群。耐力运动能促进毛细血管增生、增加肌肉中的线粒体密度，提高肌肉中糖原和脂肪的储存能力，从而增加氧化能力，而并非实质性的肥大[1]。个人对运动的适应反应取决于许多因素，包括基因型。一些基因已被确定可影响这种适应反应，包括脂肪重量、瘦体重、骨矿物质含量和身体成分变化[53]。

关于身体成分评估的频率，迈耶和他的同事[38]建议每年使用 DXA 测量身体成分不超过两次，使用皮褶厚度法和其他方法一年内不要超过 3～4 次。限制身体成分测量次数是因为身体成分变化量有限，只有在体重显著变化的时候才需要准确测量身体成分的变化[38]。

为了减少体育领域中体重测量相关的不恰当做法，身体成分、健康和运动能力特设工作组（Ad Hoc Working Group of Body Composition，Health and Performance）[38]提出一项重要建议——有必要就运动员身体成分评估在方法、测试方案、测量频率和水合状态测试方面进行标准化。未来的研究可以标准化运动领域的身体成分评估方法[41]。

实践启示

人们通常使用多种身体成分评估方法来评估身体脂肪，这些不同方法会导致不同实验室或研究人员在测量结果上存在巨大差异。标准化的测量方案在美国许多高中和大学的摔跤项目中的最低体重评估工作中有着重要的作用。广泛应用的方法为皮褶厚度法和生物电阻抗法。未来人们在该领域标准化和培训方面所做努力对身体成分在运动员健康和运动能力方面的应用具有重要意义。

三、身体成分与进食障碍

第五版《精神疾病诊断与统计手册》(*Diagnostic and Statistical Manual of Mental Disorders*)将进食障碍(Eating Disorders,ED)分为神经性厌食症(Anorexia Nervosa,AN)、神经性贪食症(Bulimia Nervosa,BN)和暴食症(Binge Eating Disorder,BED)三大类[54]。这些临床心理障碍的特征是不正常的饮食行为,通常与其不满意自身身体形象有关[55]。由于症状和体征的种类繁多,对进食障碍和紊乱的进食行为(Disordered Eating,DE)进行分类和诊断(如进食成瘾、情绪性进食和节制进食)极具挑战性,并且还存在特殊的亚临床 ED 和 DE[54]。ED 和 DE 通常在个体年轻时发生,即使女性患 ED 和 DE 的风险更高,我们也不能忽视男性的患病率[56,57]。在一项为期 10 年的纵向研究中,纽马克·斯泰纳(Neumark Sztainer)等人[58]发现青春期的孩子节食和 DE 的发生率很高,一直到青壮年时期该发生率都会保持不变或继续增加。在运动员人群中,体重敏感型运动(如健美、耐力和按体重分级的运动)的运动员发生率较高[59]。

考虑到每种进食障碍的特性和患者个体特征,ED 对患者的影响虽广泛但表现各不相同。一般来说,ED 会影响到诸多系统,如心血管、胃肠道和内分泌系统[60]。因此,ED 患者在康复过程中,应该考虑采用综合的治疗策略。

体重、BMI 及身体成分是营养护理过程中用于评估、诊断、干预、监测和重新评估的常用参数,其中身体成分在 ED 恢复阶段至关重要。

不同 ED 类型的患者的体重范围不同。神经性厌食症与低体重、低 BMI 和低体脂百分比有关,而暴食症与超重或肥胖有关。在极低体重的情况下,绝对体重减轻到理想体重的 55%~60%以下可能对个体来说有危及生命的风险。在这种情况下,重新进食需要更加积极,最好每周体重增加超过 1~1.4kg,这也是 ED 患者住院治疗中医生通常建议的方案[61]。值得注意的是,快速再进食策略虽然能令人满意地达到最小的体重和 BMI 阈值,并促使患者提前出院,但可能会导致病症更频繁地复发[62,63]。因此,伦德(Lund)等人[62]建议为了达到更好的治疗和康复效果,最低出院 BMI 指数应设置为 20。此外,随着体重的增加,患者所需摄入能量可能会在不同的治疗与康复阶段不断发生变化[64]。

仅仅在 ED 恢复期间监测体重和 BMI 可能还是不够的，因为这两个指标并不能全面反映身体成分发生的变化。增加其他检测指标，如体脂百分比有显著的好处，特别是考虑到脂肪在正常生殖功能中的作用[64]。在厌食症患者中，增加的 50%体重通常是脂肪重量[65]。在神经性厌食症治疗中，与身体状态不满意和术后复发相关的主要问题之一是快速增重储存了更多脂肪，特别是腹部和肱三头肌区域脂肪的增加[66]。因此，建议 ED 患者在恢复过程中，增加体育锻炼以促进瘦体重的增加，尤其是抗阻运动，这样既可以减慢体重增长速度，也可以促进瘦体重的增加并使体脂分布更加均匀[67,68]。

但是，现实与上述建议往往背道而驰。为了避免出现食物摄入量增加的补偿机制（例如，ED 患者试图通过增加运动量来消耗更多能量，反而使正能量平衡和体重增加的目标更难实现），体育锻炼常常在 ED 治疗期间被禁止，这一点在神经性厌食症和神经性贪食症患者中尤为明显。事实上，身体活动，特别是力量训练，对 ED 的恢复有积极作用，还可能增强肌肉力量和增加骨量[69]。一般来说，ED 患者的骨密度偏低[70]，其中病情严重的神经性厌食症患者的骨密度甚至无法逆转。此外，住院患者面临维生素 D 过低的风险[71]，这带来的潜在问题是骨矿化不足。所以 ED 综合治疗的关键是：确保钙摄入量充足和维生素 D 含量正常；依据良好的恢复方案促进体重、肌肉和脂肪的增加；监测生殖功能的恢复情况。这些都可以帮助患者尽快回归身心健康的和谐生活。

对于 ED 患者来说，体重和脂肪的快速增加可能会强化他们本已扭曲的瘦身观念，成为患者恢复的主要阻碍。因此，监测身体成分对于他们来说非常重要，这可以最大限度地减少不成比例的腹部脂肪增加，起到优化短期和长期治疗方案的作用。正如前文所说，体育锻炼，尤其是抗阻运动，可以在能量正平衡的状态下对身体成分产生积极影响，同时患者也能获得身体积极进步的满足感，并且 ED 复发风险较低。

对接受个人身体形象有困难的精神障碍患者来说，在评估身体成分时，专业人员应采取减轻患者心理压力的预防措施。此时的最佳评估方法可能是 DXA，因为它还可以评估骨量、瘦体组织和脂肪的含量[42]。

四、身体成分与减体重

随着大多数人认为自己"超重"或"肥胖",减体重越来越受到人们关注。减体重与许多身体益处相关,如降低体脂,从而改善胰岛素敏感性、血脂和血糖水平,并且降低各种疾病的发病风险。但是,减体重也可能会增加死亡率和其他不良心血管代谢疾病的风险,尤其是在人体体重波动的情况下。减体重还会对瘦体重和骨密度产生不良影响[72]。目前,评估全身脂肪重量和去脂体重最准确的是四组分模型,因为该模型包括了水和矿物质的含量。与脂肪含量低(低于30%)的人相比,脂肪含量高的人去脂体重中的水分含量更高,这一点在减体重过程中可能会混淆视线。老年人体内每天会发生无数的代谢变化,包括脂肪重量增加(尤其是腹部),去脂体重和骨密度降低。虽然DXA与四组分模型的相关性最好(与身体总水量法和密度测定法相比),但是这三种方法(DXA、身体总水量法和密度测定法)单独使用(使用两组分模型)都不能准确测量身体成分的变化。

大多数临床医生通常使用上述测量技术来评估脂肪重量和去脂体重。此外,内脏脂肪也是一个不可忽略的重要因素,它与疾病密切相关,但很难被准确评估[73]。众所周知,磁共振成像(MRI)和计算机断层扫描(CT)是直接成像技术,也是测量内脏脂肪的金标准,但后者有X射线辐射的风险。然而,这两种技术都需要昂贵的设备和训练有素的专业人员来读取和解释结果,这些都较难实现。因此,建议其他疾病患者在进行临床常规检查时对内脏脂肪进行追踪[74]。相比较而言,MRI比CT更好,因为它不会使被测者暴露于电离辐射中[42]。

DXA、空气置换法、生物电阻抗法和超声法都是可以评估内脏脂肪和全身脂肪含量的方法。这些方法与CT或MRI相比,能够更好地评估全身脂肪,但在测量内脏脂肪方面没有那么准确。其中,利用DXA和空气置换法评估内脏脂肪时需要使用公式;有研究发现,CT和DXA在测量各种体重指数人群的内脏脂肪方面有很好的相关性[74]。

利用超声可以评估内脏脂肪和总脂肪,不过很大程度上依赖于测量人员的技术。一些研究已经证实,超声是一种可以替代直接成像技术的较好的内脏脂肪测量方法,相关系数在0.8~0.9[75,76],同时它也是测量身体脂肪的有效工具[77]。虽然超声法不像其他方法那样广为人知,但它的高便携性和相对廉价使其成为一个有吸引力的选择。

生物电阻抗法用公式来估算内脏脂肪[78],价格低廉,使用范围较广。但是由于身体水合状态和测试时间的差异,此方法容易产生误差。在保证被测量者水分充足的前提下,午后和傍晚使用生物电阻抗法测量体脂,可以提高测量的准确性。生物电阻抗法与超声法、腰围和其他更直接的评估内脏脂肪的方法相比,准确性较差[73]。

人体测量学和现场方法对于评估身体成分变化有重要意义,因为它们价格低廉且易于使用。但是,如果测量者没有经过专业培训,则容易出现较大的测量误差。BMI 仅涉及身高和体重,因此,人们认为 BMI 并不是评估体重变化的合理工具,尤其是对于热爱运动的人而言[79]。

体脂百分比可以通过测量皮褶厚度获得,皮褶厚度法是通过评估身体某些部位的皮褶厚度,并使用公式来估算体脂百分比的方法。与 BMI 相比,体脂百分比虽有所改进,但是仍具有一定的误差,一是仅测量了皮下脂肪,二是测量人员的专业水平、测量身体部位的数量和用于计算体脂百分比的公式不同。美国运动医学学会制定了一套皮褶厚度法的指南,以减少测量者本身与测量者间的误差[80]。

身体脂肪分布是评估疾病风险时最可取的衡量方法,因为它估算了内脏脂肪[81]。尽管目前没有可以准确测量内脏脂肪的人体测量技术,但身体脂肪分布仍可以很好地用来评估疾病风险。一些常用的方法(如腰围、腰围身高比和腰臀比)虽然各有优缺点,但均能起到预测心血管疾病和糖尿病的作用[82]。腰臀比很好地反映了人体相对的体脂分布,并且将人体分类为苹果形或梨形。苹果形身材的人脂肪主要集中于腰腹部,梨形身材的人脂肪主要堆积于臀部及大腿区域。相比较而言,苹果形身材的人患疾病风险更高。目前,人们正在探索使用多种人体测量学方法来实现更准确地评估疾病风险的目标[83,84]。腰围和腰围身高比相较于腰臀比更能反映体重减轻的变化[82]。腰围测量方法不止一种,因此测量的位置需要标准化,对于不同的位置建议使用相似的分界点。

我们建议在腰部最窄的位置和髂骨与第十二肋骨之间连线的中点测量腰围(见第四章),建议在个人减体重期间,将腰围列为一个不可或缺的测量内容[85]。

实践启示

如果在减体重计划中联合使用腰围和生物电阻抗法或皮褶厚度法，那么定期设定 5%、10% 和 15% 的减体重目标非常重要。在体脂百分比出现明显变化之前，围度和皮褶厚度可以用来记录测量部位的变化。生物电阻抗法和皮褶厚度法可用于确定全身体脂百分比，以及减体重计划中随着时间的推移产生的变化。医疗服务人员需要掌握测量皮褶厚度和围度的方法，并确定每个部位的测量者内误差，误差较大则难以评估体重减轻引起的身体成分变化。

目前，很少有研究使用四组分模型记录体重的波动。研究表明，基于双组分模型，单独使用密度测定法、DXA 或身体总水量法会使身体成分的测量产生偏差[86]。研究人员发现，利用身体总水量法评估的脂肪重量偏低，密度测定法评估的脂肪重量则偏高，而 DXA 评估的准确性取决于人体最初的肥胖程度[86]。

随着体重的减轻，瘦体重的减少量也在不断变化。研究表明，这种现象受到很多因素的影响：性别、年龄、睡眠、压力、基线脂肪重量、饮食的主要营养成分、能量摄入量、代谢状态、激素反应和运动[87]。总体而言，当蛋白质摄入量高于推荐水平，并且减体重方案中包含抗阻训练时，则更多脂肪得以消耗，瘦体重得以更好地保持[46,88-90]。

巴克斯（Backx）等人[91]的研究发现，在接受 12 周减肥计划的超重老年人中，高蛋白质摄入量（1.7g/kg）并不能改善受试者瘦体重、力量和体能下降的状况，但与正常蛋白质摄入量（0.9g/kg）组相比，高蛋白质摄入量组的瘦体重、力量和体能下降更少[91]。至于饮食和脂肪丢失，研究表明，在减体重过程中，与高血糖生成指数和碳水化合物含量较高的饮食相比，低血糖生成指数（或低碳水化合物）和高蛋白质（与脂肪相比）的饮食对脂肪重量和腹部脂肪、饱腹感、产热和瘦体重的保持有着更好的作用[92,93]。

众所周知，体重减轻期间会产生骨质丢失和骨代谢率增加的情况[94-96]。尽管该过程还不是很清楚，但有理论认为，减体重期间的骨质丢失和骨代谢增加是免疫功能、炎症状态和内分泌功能之间相互作用的结果[97]。此外，适当的乳制品摄入对减体重过程中骨密度的保持十分重要[95,97]，乳制品不仅富含蛋白质和钙，还可以使人保持食欲。

在测量方面，减体重方案的制订应结合肥胖和腹部脂肪的评估。尽管金标准测量方法会受到一些限制，而且诸如人体测量学等现场评估方法可能不是那么准确，但能够评估指标变化的方法还是很多的。多种人体测量学方法的结合使用，能体现减体重期间整体新陈代谢的改善情况。身体总水量法、DXA、密度测定法（水下称重法或空气置换法）和两组分模型的使用会导致对脂肪和去脂体重的评估产生偏倚。目前，只有四组分模型和 MRI 可以准确测量身体成分的变化。

五、身体成分、慢性病和衰老

身体成分的评估对了解晚年生活的健康状况起着决定性作用。随着年龄增长，身体成分会发生变化，我们所知道的大部分数据来自横断面和纵向研究，在分析这些信息时要十分谨慎。使用横断面数据时，身体成分变化是从一组年龄不同的人群中估算出来的，使用数据进行外推时，解释也需要谨慎，因为出生队列可能对身体成分有影响[98]。也就是说，20 世纪 30 年代出生人群的身体成分可能与 20 世纪 70 年代出生人群的身体成分不同。当使用老年人的数据作为参考时，也应考虑其出生队列效应，因为一些长期性变化的存在可能会混淆比较的结果。此外，目前身体成分评估的纵向数据来自非基于总体的选定样本，因此，在其他情况下该数据结果可能无效。

纵向数据显示，老年人的体脂百分比随着年龄的增长而增加，大约在 80 岁时趋于稳定，而绝对脂肪重量的增加在 80 岁后会开始下降，男性的下降速度比女性更快[98]。老年人过度肥胖可能会加重身体功能受限状况，也是致炎的主要危险因素[99,100]。身体脂肪分布会随着年龄的增长发生变化，是影响健康状况的决定因素[101]。富兰克林（Franklin）等人[102]观察到更年期期间皮下脂肪和内脏脂肪都会增加。纵向数据显示，男性内脏脂肪组织每年增加 0.22%，女性每年增加 0.27%[103]。在腰围方面，女性的增长幅度（每年 0.28cm）大于男性（每年 0.18cm），且与年龄相关[104]。

女性瘦体重每十年减少约 0.4kg，男性每十年减少约 0.8kg[105]。衰老与肌肉横截面积减少及肌纤维数量和类型的改变有关[106,107]。从 60 岁开始，与年龄相关的肌肉质量下降速度加快，这可能降低肌肉功能和肌肉力量[107]。老年人骨骼肌质量的下降是一个严重的问题，它与老年人残疾、并发症和较高的死亡风险有关。

除了与年龄相关的瘦体重下降或单纯的肥胖外，肥胖合并肌少症（即骨骼肌质量减少或肌肉力量不足）被称为肌肉减少性肥胖，已经成为老年人群中受研究者关注的焦点。研究发现了老年人心脏代谢变化和肌肉减少性肥胖之间的关联[108]。在与年龄有关的进程中，与肥胖相关的炎症可能与肌肉减少性肥胖的发生和发展有关[109]。除了肌肉减少性肥胖和单纯性肥胖之外，较低的肌肉质量与强度，以及周围更多脂肪的渗透都与残疾和活动受限有关[110,111]。

癌症危险因素的研究既包括身体脂肪，也包括内脏脂肪。整体肥胖会增加炎症，并且内脏脂肪因与胰岛素抵抗相关会增加额外的风险[112]。某些脂肪堆积有益于减小慢性病的发生概率，这种保护作用增加了体脂与健康和疾病之间关系的复杂性。

在老年人群中，骨密度的变化也是一个受关注的焦点。横断面数据显示，密质骨和松质骨的骨密度都随着年龄的增长而下降，这种下降在女性中更明显[113]。在十年的随访期内，正常体重、超重和肥胖的老年人的股骨颈骨密度变化存在差异，但他们髋部和全身的骨密度不会随时间发生变化[114]。骨密度偏低与心血管疾病的发病率有关[115]。根据世界卫生组织给出的定义[116]，骨质疏松是指骨密度（股骨颈、髋部或腰椎）低于正常年轻成人平均值 2.5 个标准差（T 值≤2.5 标准差）。尽管与年龄相关的骨量丢失没有症状，但是骨质疏松症每年在全球造成超过 890 万例骨折，并导致人们残疾或丧失独立生活的能力[117]。

随着年龄的增长，身体成分会发生影响健康的变化，因此准确评估老年人的身体成分是至关重要的。总体而言，成年人使用的身体成分测量方法可能也适用于老年人，但是仍有一些因素需要考虑。基础的两组分分子水平模型是基于去脂体重密度为 1.10g/cm^3（身体密度法）[118]或去脂体重含水量为 73.2%（身体总水量法）的假设[119]。关于老年人是否会偏离这一假设常数存在一些争议，并且去脂体重的密度和成分可能存在个体差异[120-123]。这种共识的缺乏可能与老年人不同的样本特征有关。随着年龄的增长，可能会影响身体成分的疾病和药物越来越多。因此，研究之间的差异可能反映出的是这些不同的特征，而不是受到年龄的影响。尽管如此，在老年人群中使用两组分模型时仍需谨慎。相比之下，三组分和四组分模型包含更多不同的测量特点和其他组成成分，通常可以解释更多的生物变异性[124]。

使用 DXA 评估身体成分时，根据软组织含水量的变化估算身体成分可能存在一定的可预测系统误差[125]，但 DXA 仍是一种精确、方便、有效的身体成分评估工具。DXA 提供了局部分析的可能性，可以更好地体现体脂分布[126]。此外，在老年人中，DXA 对骨量减少和骨质疏松症的早期诊断更有价值[116]。

健康、衰老和身体成分（Health，Aging and Body Composition，Health ABC）研究是一个使用 DXA 很好的例子。为了更好地描述美国老年人的功能和身体成分的变化，该研究对 3000 多名患者进行了为期 3 年的随访。维瑟（Visser）等人[127]发现，相比于老年男性，脂肪重量能更准确地预测女性下肢功能。在老年女性和男性中，通过改变身体成分来减少身体残疾的干预措施可能有不同的侧重点。古德帕斯特（Goodpaster）等人[128]和纽曼（Newman）等人[129]的研究发现，体重减轻进一步导致了老年人力量的下降。另一个使用 DXA 的例子是卡斯勒（Cussler）等人[130]关于更年期女性举重训练的研究，以及米利肯（Milliken）等人[131]为期 4 年的瘦体重和骨密度的变化与举重重量增加的相关性研究。

除了直接的测量方法外，还有几种数学模型（Ⅰ型）可用于估算老年人的身体成分。使用Ⅰ型模型时，必须选择针对老年人群的方法。因此，如果要将一种方法应用于老年人，则必须在老年人群中开发该方法，并且进行交叉验证[132]。

身体脂肪可以通过包括围度[133]或皮褶厚度[134]的人体测量学公式估算出来。老年人使用的人体测量学公式有一个共同点，即年龄是重要的预测因素，该变量的系数为正数。这意味着，对于相同的人体测量值，老年人的肥胖率会更高。此外，当使用生物电阻抗法时，还有为老年人专门开发的估算身体成分的方案[121,135]。相角（电阻与电抗）的使用以及生物电阻抗法的电阻可以为接受抗阻训练的老年女性提供更多的信息[136]。

实践启示

　　体重减轻会导致老年人群肌肉力量和骨密度的显著下降，因此，使用 DXA 测量这两种成分的变化是非常重要的。DXA 简单易行，可以测量骨密度（髋部和脊柱）和去脂软组织（手臂、躯干和腿部）的肌肉力量。前者是筛查骨质疏松症的常规检查，但后者通常不是。医疗服务人员需要接受如何分析检测结果的培训，培训将提供有关全身瘦体重在各种情况下发生变化的有价值的信息。随着 DXA 在医院和诊所的广泛应用，对体重变化或年老的患者进行 DXA 测量不再困难。

六、其他应用

身体成分领域的其他发展包括生物电阻抗法及其在医学上的应用、MRI 在测量婴儿身体成分方面的应用、超声在更客观地估计体脂方面以及针对体型和死亡风险研究方面的应用。

生物电阻抗法的应用之一是测量相角，即电抗与电阻的关系图。诺曼（Norman）和他的同事[137]提出了相角不同的参考标准，并对其应用进行了综述。较低的相角可作为评估营养不足、肌肉质量下降或某些疾病（如癌症、慢性心力衰竭和肾脏疾病）的有效指标[138]。生物电阻抗法还可通过多频 BIA，以及高频（200kHz）和低频（5kHz）的阻抗比来诊断营养不良[139]。

卢卡斯基（Lukaski）等人[140]用相角和阻抗比进一步分析了成人营养不良。他们总结了低相角与住院病人、癌症、血液透析、手术、危重症、肝硬化、丙型肝炎病毒、慢性阻塞性肺疾病、神经肌肉疾病和老年医学有关的研究进展。奥诺弗里斯库亚大学[141]的研究就是血液透析领域的一个实例，相关人员发现通过生物电阻抗监测可以更好地控制水过多。

定量磁共振（Quantitative Magnetic Resonance，QMR）是一种很有前景的评估婴幼儿身体成分的新方法[142,143]。MRI 测试方法的发展让评估肌肉和器官的大小以及不同区域的脂肪堆积更准确，这也让 MRI 成为婴儿生长期间更好地评估身体成分的主要参考方法。

超声也可以用于评估局部肌肉质量，为患者提供临床监测[138]。生物电阻抗法和超声法都可以用来评估成年卧床患者的营养状况，但还需要进一步的研究来确定其在医疗诊断和康复中的特殊作用。第四章总结了超声软件的最新进展，技术的改进使超声可以更客观地评估运动员人群的皮下脂肪厚度。

体形和局部身体成分的研究利用算法将全身 DXA 扫描转化为身体厚度和瘦体重的图像，可以预测人体代谢和未来健康状况。谢泼德（Shepherd）等人[144]的工作专注于此领域，并有望确立可预测不同人群死亡风险的新表型。

七、总结

本章介绍了身体成分在营养状况、生长发育、竞技体育与运动训练、进食障碍、减体重及慢性病和衰老等领域的一些主要应用，也总结了身体成分评估在婴儿群体、营养不良的诊断和儿童骨骼发育中的应用。本章还描述了生物电阻抗法、超声和 MRI 等技术在医学、运动营养学和婴儿成长研究领域对身体成分的评估情况。对内脏肥胖、肌肉和骨矿物质丢失及代谢健康的评估可以完善营养状况的评定。婴幼儿出生前母亲的身体成分以及婴幼儿在生长中的身体成分可以预测儿童肥胖症的早期发展。本章还概述了脱水、能量限制和饮食中蛋白质水平对身体机能的影响，阐述了运动训练对身体成分变化的积极作用；回顾了进食障碍期间身体成分的改变，并且总结了 DXA 在量化进食障碍恢复中的优势；阐述了两组分模型在减体重期间和年老时评估身体成分方面的局限性。为了更好地描述身体成分发生的变化，多组分模型须应用于老年人和减体重人群。

（倪国新主译）

参考资料

前言

[1] Brozek J. *Body Composition.* New York, NY: New York Academy of Sciences; 1963.

[2] Roche A F, Heymsfield S B, Lohman T G. *Human Body Composition.* Champaign, IL: Human Kinetics; 1996.

[3] Heymsfield S B, Lohman T G, Wang Z, Going S B. *Human Body Composition.* 2nd ed. Champaign, IL: Human Kinetics; 2005.

[4] Heyward V, Stolarczyk L. *Applied Body Composition Assessment.* Champaign, IL: Human Kinetics; 1996.

第一章

[1] Meyer N L, Sundgot－Borgen J, Lohman T G, et al. Body composition for health and performance: a survey of body composition assessment practice carried out by the Ad Hoc Research Working Group on Body Composition, Health and Performance, under the auspices of the IOC Medical Commission. *Br J Sports Med.* 2013;47(16):1044－1053.

[2] Ackland T, Lohman T, Sundgot－Borgen J, et al. Current status of body composition assessment in sport: review and position statement on behalf of the Ad Hoc Research Working Group on Body Composition Health and Performance, under the auspices of the I.O.C. Medical Commission. *Sports Med.* 2012;42(3):227－249.

[3] Lohman T G, Pollock M L, Slaughter MH, Brandon L J, Boileau R A. Methodological factors and the prediction of body fat in female athletes. *Med Sci Sports Exerc.* 1984;16(1):92 − 96.

[4] Jackson A S, Pollock M L. Practical assessment of body composition. *Phys Sports Med.* 1985; 13(5):76 − 90.

[5] Lohman T G. *Advances in Body Composition Assessment.* Champaign, IL: Human Kinetics; 1992.

[6] Bland J M, Altman D G. Statistical methods for assessing agreement between two methods for clinical measurement. *Lancet.* 1986;8:307 − 310.

[7] Behnke A R. Discussion. In: Menecky G R, Linde S M, eds. *Radioactivity in Man.* Springfield, IL: Charles C Thomas; 1965.

[8] Brozek J, Grande F, Anderson J T, Keys A. Densitometric analysis of body composition: revision of some quantitative assumptions. *Ann N Y Acad Sci.* 1993;110:113 − 140.

[9] Ellis, K J. Reference man and woman more fully characterized. In: Zeisler R, Guinn VP, eds. *Nuclear Analytical Methods in the Life Sciences.* Totowa, NJ: Human Press; 1990.

[10] Lohman T G. Assessment of body composition in children. *Pediatr Exerc Sci.* 1989;1:19 − 30.

第二章

[1] Wang Z − M, Pierson R N Jr, Heymsfield S B. The five − level model: a new approach to organizing body − composition research. *Am J Clin Nutr.* 1992;56:19 − 28.

[2] Selinger A. *The Body as a Three Component System* [dissertation]. Champaign: University of Illinois Urbana–Champaign; 1977.

[3] Lohman T G. Applicability of body composition techniques and constants for children and youth. *Exerc and Sport Sci Rev.* 1986;14:325 − 357.

[4] Snyder W S, Cook M J, Nasset E S, Karhausen L R, Howells G P, Tipton I H. *Report on the Task Group on Reference Man.* Oxford, UK: Pergamon Press; 1984.

[5] Heymsfield S B, Waki M, Kehayias J, et al. Chemical and elemental analysis of humans in vivo using improved body composition models. *Am J Physiol.* 1991;261:E190 − E198.

[6] Behnke A R, Wilmore J H. *Evaluation and Regulation of Body Build and Composition.* Englewood Cliffs, NJ: Prentice Hall; 1974.

[7] Forbes G B. *Human Body Composition: Growth, Aging, Nutrition, and Activity.* New York, NY:

Springer – Verlag; 1987.

[8] Moore F D, Olesen K H, McMurray J D, Parker H V, Ball M R, Boyden C M. *The Body Cell Mass and Its Supporting Environment*. Philadelphia, PA: Saunders; 1963.

[9] Lohman T G, Roche A F, Martorell R. *Anthropometric Standardization Reference Manual*. Champaign, IL: Human Kinetics; 1988.

[10] Siri W E. Body composition from fluid spaces and density: analysis of methods. In: Brozek J, Henschel A, eds. *Techniques for Measuring Body Composition*. Washington, DC: National Academy of Sciences; 1961:223 – 244.

[11] Heyward V H. Practical body composition assessment for children, adults, and older adults. *Int J Sport Nutr.* 1998;8(3):285 – 307.

[12] Brozek J, Grande F, Anderson J T, Keys A. Densitometric analysis of body composition: revision of some quantitative assumptions. *Ann N Y Acad Sci.* 1963;110:113 – 140.

[13] Visser M, Gallagher D, Deurenberg P, Wang J, Pierson R N Jr., Heymsfield S B. Density of fat – free body mass: relationship with race, age, and level of body fatness. *Am J Physiol.* 1997; 272: E781 – E787.

[14] Roemmich J N, Clark P A, Weltman A, Rogol A D. Alterations in growth and body composition during puberty: comparing multicompartment body composition models. *J Appl Physiol.* 1997;83(3):927 – 935.

[15] Streat S J, Beddoe A H, Hill G L. Measurement of body fat and hydration of the fat – free body in health and disease. *Metabolism.* 1985;34(6):509 – 518.

[16] Modlesky C M, Cureton K J, Lewis R D, Prior B M, Sloniger M A, Rowe D A. Density of the fat – free mass and estimates of body composition in male weight trainers. *J Appl Physiol.* 1996;80(6):2085 – 2096.

[17] Prior B M, Modlesky C M, Evans E M, et al. Muscularity and the density of the fat – free mass in athletes. *J Appl Physiol.* 2001;90(4):1523 – 1531.

[18] Wang Z, Shen W, Withers R T, Heymsfield S B. Multicomponent molecular – level models of body composition analysis. In: Heymsfield S B, Lohman T G, Wang Z M, Going S B, eds. *Human Body Composition.* 2nd ed. Champaign, IL: Human Kinetics; 2005:163 – 175.

[19] Wang Z. High ratio of resting energy expenditure to body mass in childhood and adolescence: a

mechanistic model. *Am J Hum Biol.* 2012;24(4):460–467.

[20] Wang Z, Zhang J, Ying Z, Heymsfield S B. New insights into scaling of fat–free mass to height across children and adults. *Am J Hum Biol.* 2012;24(5):648–653.

[21] Wang Z, Deurenberg P, Guo S, et al. Six–compartment body composition model: inter–method comparisons of total body fat measurement. *Int J Obes.* 1998;22(4):329–337.

[22] Ellis K J. Whole–body counting and neutron activation analysis. In: Heymsfield S B, Lohman T G, Wang Z M, Going S B, eds. *Human Body Composition.* 2nd ed. Champaign, IL: Human Kinetics; 2005:51–62.

[23] Ross R, Janssen I. Computed tomography and magnetic resonance imaging. In: Heymsfield S B, Lohman T G, Wang Z M, Going S B, eds. *Human Body Composition.* 2nd ed. Champaign, IL: Human Kinetics; 2005:89–108.

[24] Ellis K J. Human body composition: in vivo methods. *Physiol Rev.* 2000;80(2):649–680.

[25] Engstrom C M, Loeb G E, Reid J G, Forrest W J, Avruch L. Morphometry of the human thigh muscles: a comparison between anatomical sections and computer tomographic and magnetic resonance images. *J Anat.* 1991;176:139–156.

[26] Abate N, Burns D, Peshock R M. Estimation of adipose tissue mass by magnetic resonance imaging: validation against dissection in human cadavers. *J Lipid Res.* 1994;35:1490–1496.

[27] Mitsiopoulos N, Baumgartner R N, Heymsfield S B, Lyons W, Gallagher D, Ross R. Cadaver validation of skeletal muscle measurement by magnetic resonance imaging and computerized tomography. *J Appl Physiol.* 1998;85(1):115–122.

[28] Hu H H, Li Y, Nagy T R, Goran M I, Nayak K S. Quantification of absolute fat mass by magnetic resonance imaging: a validation study against chemical analysis. *Int J Body Compos Res.* 2011;9(3):111–122.

[29] Shen W, Wang Z, Tang H, et al. Volume estimates by imaging methods: model comparisons with visible woman as the reference. *Obes Res.* 2003;11(2):217–225.

[30] Ross R, Goodpaster B, Kelley D, Boada F. Magnetic resonance imaging in human body composition research: from quantitative to qualitative tissue measurement. *Ann N Y Acad Sci.* 2000;904:12–17.

[31] Gallagher D, Heymsfield S B. Muscle distribution: variations with body weight, gender, and age.

Appl Radiat Isot. 1998;49(5 – 6):733 – 734.

[32] Farr J N, Funk J L, Chen Z, et al. Skeletal muscle fat content is inversely associated with bone strength in young girls. *J Bone Miner Res.* 2011;26(9):2217 – 2225.

[33] Farr J N, Van Loan M D, Lohman T G, Going S B. Lower physical activity is associated with skeletal muscle fat content in girls. *Med Sci Sports Exerc.* 2012;44(7):1375 – 1381.

[34] Goodpaster B H, Thaete F L, Kelley D E. Thigh adipose tissue distribution is associated with insulin resistance in obesity and in type 2 diabetes mellitus. *Am J Clin Nutr.* 2000;71(4):885 – 892.

[35] Goodpaster B H, Thaete F L, Simoneau J A, Kelley D E. Subcutaneous abdominal fat and thigh muscle composition predict insulin sensitivity independently of visceral fat. *Diabetes.* 1997; 46: 1579 – 1585.

[36] Chen Z, Wang Z, Lohman T, et al. Dual – energy X – ray absorptiometry is a valid tool for assessing skeletal muscle mass in older women. *J Nutr.* 2007;137(12):2775 – 2780.

[37] Wang Z – M, Visser M, Ma R, et al. Skeletal muscle mass: evaluation of neutron activation and dual – energy X – ray absorptiometry methods. *J Appl Physiol.* 1996;80(3):824 – 831.

第三章

[1] Brozek J, Grande F, Anderson J T, Keys A. Densitometric analysis of body composition: revision of some quantitative assumptions. *Ann N Y Acad Sci.* 1963;110:113 – 140.

[2] Keys A, Brozek J. Body fat in adult man. *Physiol Rev.* 1953;33:245 – 325.

[3] Siri W E. Body composition from fluid spaces and density: analysis of methods. In: Brozek J, Henschel A, eds. *Techniques for Measuring Body Composition.* Washington, DC: National Academy of Sciences; 1961:223 – 244.

[4] Brodie D, Moscrip V, Hutcheon R. Body composition measurement: a review of hydrodensitometry, anthropometry, and impedance methods. *Nutrition.* 1998;14(3):296 – 310.

[5] Lohman T G. Skinfolds and body density and their relation to body fatness: a review. *Hum Biol.* 1981;53(2):181 – 225.

[6] Hansen N J, Lohman T G, Going S B, et al. Prediction of body composition in premenopausal females from dual – energy X – ray absorptiometry. *J Appl Physiol.* 1993;75(4):1637 – 1641.

[7] Kohrt W M. Preliminary evidence that DEXA provides an accurate assessment of body com-

position. *J Appl Physiol.* 1998;84(1):372 – 377.

[8] Going S B. Hydrodensitometry and air displacement plethysmography. In: Heymsfield S B, Lohman T G, Wang Z M, Going S B, eds. *Human Body Composition.* 2nd ed. Champaign, IL: Human Kinetics; 2005:17 – 33.

[9] Ackland T, Lohman T, Sundgot – Borgen J, et al. Current status of body composition assessment in sport: review and position statement on behalf of the Ad Hoc Research Working Group on Body Composition Health and Performance, under the auspices of the I.O.C. Medical Commission. *Sports Med.* 2012;42(3):227 – 249.

[10] Buskirk E R. Underwater weighing and body density: a review of procedures. In: Brozek J, Henschel A, eds. *Techniques for Measuring Body Composition.* Washington, DC: National Academy of Sciences, National Research Council; 1961:90 – 105.

[11] Wilmore J H. A simplified method for determination of residual lung volumes. *J Appl Physiol.* 1969;27(1):96 – 100.

[12] Akers R, Buskirk E R. An underwater weighing system utilizing "force cube" transducers. *J Appl Physiol.* 1969;26(5):649 – 652.

[13] Heymsfield S, Lohman T G, Wang Z M, Going S B, eds. *Human Body Composition.* 2nd ed. Champaign, IL: Human Kinetics; 2005.

[14] Jackson A S, Pollock M L, Graves J E, Mahar M T. Reliability and validity of bioelectrical impedance in determining body composition. *J Appl Physiol.* 1988;64(2):529 – 534.

[15] Durnin J V, Satwanti. Variations in the assessment of the fat content of the human body due to experimental technique in measuring body density. *Ann Hum Biol.* 1982;9(3):221 – 225.

[16] Girandola R N, Wiswell R A, Romero G. Body composition changes resulting from fluid ingestion and dehydration. *Res Q Exerc Sport.* 1977;48(2):299 – 303.

[17] Brodie D A, Eston R G, Coxon A Y, Kreitzman S N, Stockdale H R, Howard A N. Effect of changes of water and electrolytes on the validity of conventional methods of measuring fat – free mass. *Ann Nutr Metab.* 1991;35(2):89 – 97.

[18] Sinning W E. Body composition assessment of college wrestlers. *Med Sci Sports.* 1974; 6(2):139 – 145.

[19] Gnaedinger R H, Reineke E P, Pearson A M, Vanhuss W D, Wessel J A, Montoye H J. Deter-

mination of body density by air displacement, helium dilution, and underwater weighing. *Ann N Y Acad Sci.* 1963;110:96 – 108.

[20] Taylor A, Aksoy Y, Scopes J W, du Mont G, Taylor B A. Development of an air displacement method for whole body volume measurement of infants. *J Biomed Eng.* 1985;7(1):9 – 17.

[21] Gundlach B L, Visscher G J W. The plethysmometric measurement of total body volume. *Hum Biol.* 1986;58(5):783 – 799.

[22] Dempster P, Aitkens S. A new air displacement method for the determination of human body composition. *Med Sci Sports Exerc.* 1995;27(12):1692 – 1697.

[23] McCrory M A, Gomez T D, Bernauer E M, Molé P A. Evaluation of a new air displacement plethysmograph for measuring human body composition. *Med Sci Sports Exerc.* 1995;27(12):1686 – 1691.

[24] Demerath E W, Guo S S, Chumlea W C, Towne B, Roche A F, Siervogel R M. Comparison of percent body fat estimates using air displacement plethysmography and hydrodensitometry in adults and children. *Int J Obes Relat Metab Disord.* 2002;26(3):389 – 397.

[25] Fields D A, Goran M I, McCrory M A. Body – composition assessment via air – displacement plethysmography in adults and children: a review. *Am J Clin Nutr.* 2002;75(3):453 – 467.

[26] Sly P D, Lanteri C, Bates J H. Effect of the thermodynamics of an infant plethysmograph on the measurement of thoracic gas volume. *Pediatr Pulmonol.* 1990;8(3):203 – 208.

[27] Ruppell G. *Manual of Pulmonary Function Testing.* St. Louis, MO: Mosby; 1994.

[28] Nunez C, Kovera A J, Pietrobelli A, et al. Body composition in children and adults by air displacement plethysmography. *Eur J Clin Nutr.* 1999;53(5):382 – 387.

[29] Noreen E E, Lemon P W. Reliability of air displacement plethysmography in a large, heterogeneous sample. *Med Sci Sports Exerc.* 2006;38(8):1505 – 1509.

[30] Tucker L A, Lecheminant J D, Bailey B W. Test – retest reliability of the Bod Pod: the effect of multiple assessments. *Percept Mot Skills.* 2014;118(2):563 – 570.

[31] Iwaoka H, Yokoyama T, Nakayama T, et al. Determination of percent body fat by the newly developed sulfur hexafluoride dilution method and air displacement plethysmography. *J Nutri Sci Vitaminol.* 1998;44(4):561 – 568.

[32] Baracos V, Caserotti P, Earthman C P, et al. Advances in the science and application of body

composition measurement. *JPEN J Parenter Enteral Nutr.* 2012;36(1):96 – 107.

[33] Snyder W S, Cook M J, Nasset E S, Karhausen L R, Howells G P, Tipton I H. *Report of the Group on Reference Man.* Oxford, UK: Pergamon Press; 1975.

[34] Edelman I S, Olney J M, James A H, Brooks L, Moore F D. Body composition: studies in the human being by the dilution principle. *Science.* 1952;115(2991):447 – 454.

[35] Moore F D. Determination of total body water and solids with isotopes. *Science.* 1946; 104(2694):157 – 160.

[36] Keith N M, Rowntree L G, Geraghty J T. A method for the determination of plasma and blood volume. *Arch Internal Med.* 1915;16:547.

[37] Pace N, Kline L, Schachman H K, Harfenist M. Studies on body composition; use of radioactive hydrogen for measurement in vivo of total body water. *J Biol Chem.* 1947;168(2):459 – 469.

[38] Schoeller D A, Van Santen E, Peterson W M, Dietz W, Jaspan J, Klein P D. Total body water measurement in humans with 18O and 2H labeled water. *Am J Clin Nutr.* 1980;33:2686 – 2693.

[39] Schoeller D A. Hydrometry. In: Heymsfield S B, Lohman T G, Wang Z M, Going S B, eds. *Human Body Composition.* 2nd ed. Champaign, IL: Human Kinetics; 2005:35 – 49.

[40] Ellis K J. Human body composition: in vivo methods. *Physiol Rev.* 2000;80(2):649 – 680.

[41] Racette S B, Schoeller D A, Luke A H, Shay K, Hnilicka J, Kushner R F. Relative dilution spaces of 2H – and 18O – labeled water in humans. *Am J Physiol.* 1994;267(4 Pt 1):E585 – E590.

[42] Schoeller D A. Measurement of total body water: isotope dilution techniques. In: Roche A F, ed. *Body Composition Assessment in Youth and Adults: Sixth Ross Conferences on Medical Research.* Columbus, OH: Ross Laboratories; 1985:124 – 129.

[43] Schloerb P R, Friis – Hansen B J, Edelman I S, Solomon A K, Moore F D. The measurement of total body water in the human subject by deuterium oxide dilution. 1950:1296 – 1310.

[44] Wong W W, Cochran W J, Klish W J, Smith E O, Lee L S, Klein P D. In vivo isotope – fractionation factors and the measurement of deuterium – and oxygen – 18 – dilution spaces from plasma urine, saliva, respiratory water vapor, and carbon dioxide. *Am J Clin Nutr.* 1988;47:1 – 6.

[45] Schoeller D A, Leitch C A, Brown C. Doubly labeled water method: in vivo oxygen and hydrogen isotope fractionation. *Am J Physiol.* 1986;251(6 Pt 2):R1137 – R1143.

[46] Denne S C, Patel D, Kalhan S C. Total body water measurement in normal and diabetic

pregnancy: evidence for maternal and amniotic fluid equilibrium. *Biol Neonate.* 1990;57(5): 284 – 291.

[47] McCullough A J, Mullen K D, Kalhan S C. Measurements of total body and extracellular water in cirrhotic patients with and without ascites. *Hepatology.* 1991;14(6):1102 – 1111.

[48] Schoeller D A. Measurement of energy expenditure in free – living humans by using doubly labeled water. *J Nutr.* 1988;118(11):1278 – 1289.

[49] National Research Council. Water and electrolytes. In: *Recommended Dietary Allowances.* 10th ed. Washington, DC: The National Academies Press; 1989.

[50] Schoeller D A. Isotope dilution methods. In: Brodoff PB, ed. *Obesity.* New York, NY: Lippincott; 1991:80 – 88.

[51] Forbes G B. Methods for determining composition of the human body. With a note on the effect of diet on body composition. *Pediatrics.* 1962;29:477 – 494.

[52] Moore F D, Olesen K H, McMurray J D, Parker H V, Ball M R, Boyden C M. *The Body Cell Mass and Its Supporting Environment.* Philadelphia: Saunders; 1963.

[53] Pace N, Rathburn E N. Studies of body composition. III. The body water and chemically combined nitrogen content in relation to fat content. *J Biol Chem.* 1945;158:685 – 691.

[54] Wang Z, Deurenberg P, Wang W, Pietrobelli A, Baumgartner R N, Heymsfield S B. Hydration of fat – free body mass: new physiological modeling approach. *Am J Physiol.* 1999;276(6 Pt 1):E995 – E1003.

[55] Wang Z M, Deurenberg P, Wang W, Pietrobelli A, Baumgartner R N, Heymsfield S B. Hydration of fat – free body mass: review and critique of a classic body – composition constant. *Am J Clin Nutr.* 1999;69:833 – 841.

[56] Speakman J R, Nair K S, Goran M I. Revised equations for calculating CO2 production from doubly labeled water in humans. *Am J Physiol.* 1993;264(6 Pt 1):E912 – E917.

[57] Moulton C R. Age and chemical development in mammals. *J Biol Chem.* 1923:79 – 97.

[58] Fomon S J, Haschke F, Ziegler E E, Nelson S E. Body composition of reference children from birth to age 10 years. *Am J Clin Nutr.* 1982;35(5 Suppl):1169 – 1175.

[59] Lohman T G. Applicability of body composition techniques and constants for children and youths. *Exerc Sport Sci Rev.* 1986;14:325 – 357.

[60] Wells J C, Williams J E, Chomtho S, et al. Pediatric reference data for lean tissue properties: density and hydration from age 5 to 20 y. *Am J Clin Nutr.* 2010;91(3):610 – 618.

[61] Lohman T G. Research progress in validation of laboratory methods of assessing body composition. *Med Sci Sports Exerc.* 1984;16(6):596 – 605.

[62] Martin A D, Drinkwater D T. Variability in the measures of body fat: assumptions or technique? *Sports Med.* 1991;11(5):277 – 288.

[63] Modlesky C M, Cureton K J, Lewis R D, Prior B M, Sloniger M A, Rowe D A. Density of the fat – free mass and estimates of body composition in male weight trainers. *J Appl Physiol.* 1996;80(6):2085 – 2096.

[64] Prior B M, Modlesky C M, Evans E M, et al. Muscularity and the density of the fat – free mass in athletes. *J Appl Physiol.* 2001;90(4):1523 – 1531.

[65] Silva A M, Fields D A, Quiterio A L, Sardinha L B. Are skinfold – based models accurate and suitable for assessing changes in body composition in highly trained athletes? *J Strength Cond Res.* 2009;23(6):1688 – 1696.

[66] Silva A M, Minderico C S, Teixeira P J, Pietrobelli A, Sardinha L B. Body fat measurement in adolescent athletes: multicompartment molecular model comparison. *Eur J Clin Nutr.* 2006; 60(8):955 – 964.

[67] Withers R T, Noell C J, Whittingham N O, Chatterton B E, Schultz C G, Keeves J P. Body composition changes in elite male bodybuilders during preparation for competition. *Aust J Sci Med Sport.* 1997;29(1):11 – 16.

[68] Arngrimsson S, Evans E M, Saunders M J, Ogburn C L 3rd, Lewis R D, Cureton K J. Validation of body composition estimates in male and female distance runners using estimates from a four – component model. *Am J Hum Biol.* 2000;12(3):301 – 314.

[69] Moon J R, Tobkin S E, Smith A E, et al. Anthropometric estimations of percent body fat in NCAA Division I female athletes: a 4 – compartment model validation. *J Strength Cond Res.* 2009; 23(4):1068 – 1076.

[70] Penn I W, Wang Z M, Buhl K M, Allison D B, Burastero S E, Heymsfield S B. Body composition and two – compartment model assumptions in male long distance runners. *Med Sci Sports Exerc.* 1994;26(3):392 – 397.

[71] Wang Z – M, Pierson R N Jr, Heymsfield S B. The five – level model: a new approach to organizing body – composition research. *Am J Clin Nutr.* 1992;56:19 – 28.

[72] Heymsfield S B, Wang Z, Baumgartner R N, Ross R. Human body composition: advances in models and methods. *Ann Rev Nutr.* 1997;17:527 – 558.

[73] Withers R T, Laforgia J, Heymsfield S B. Critical appraisal of the estimation of body composition via two – , three – , and four – compartment models. *Am J Hum Biol.* 1999;11(2):175 – 185.

[74] Clasey J L, Kanaley J A, Wideman L, et al. Validity of methods of body composition assessment in young and older men and women. *J Appl Physiol.* 1999;86(5):1728 – 1738.

[75] Lohman T G, Harris M, Teixeira P J, Weiss L. Assessing body composition and changes in body composition: another look at dual – energy X – ray absorptiometry. *Ann N Y Acad Sci.* 2000;904:45 – 54.

[76] Coward W A. Calculations of pool sizes and flux rates. In: Prentice AM, ed. *The Doubly – Labelled Water Method for Measuring Energy Expenditure: A Consensus Report by the IDECG Working Group.* Vienna: International Dietary Energy Consultancy Group; 1990.

[77] Ellis K J. Whole – body counting and neutron activation analysis. In: Heymsfield S B, Lohman T G, Wang Z M, Going S B, eds. *Human Body Composition.* 2nd ed. Champaign, IL: Human Kinetics; 2005:51 – 62.

[78] Lohman T G. *Advances in Body Composition Assessment.* Champaign, IL: Human Kinetics; 1992.

[79] Cohn S H, Parr R M. Nuclear – based techniques for the in vivo study of human body composition: report of an Advisory Group of the International Atomic Energy Agency. *Clin Phys Physiol Meas.* 1985;6(4):275 – 301.

[80] Lohman T G, Norton, H W. Distribution of potassium in steers by 40 K measurement. *J Animal Science.* 1968;27:1266 – 1272.

[81] Lohman T G, Ball R H, Norton H W. Biological and technical sources of variability in bovine carcass lean tissue composition II. Biological variation in potassium, nitrogen, and water. *J Animal Science.* 1970;30:21 – 26.

[82] Wang Z, Zhu S, Wang J, Pierson R N Jr., Heymsfield S B. Whole – body skeletal muscle mass: development and validation of total – body potassium prediction models. *Am J Clin Nutr.* 2003;77(1):76 – 82.

[83] Lohman T G, Chen Z. Dual−energy X−ray absorptiometry. In: Heymsfield S B, Lohman T G, Wang Z M, Going S B, eds. *Human Body Composition.* 2nd ed. Champaign, IL: Human Kinetics; 2005:63−77.

[84] Fuller N J, Laskey M A, Elia M. Assessment of the composition of major body regions by dual−energy X−ray absorptiometry (DEXA), with special reference to limb muscle mass. *Clin Physiol.* 1992;12(3):253−266.

[85] Genton L, Hans D, Kyle U G, Pichard C. Dual−energy X−ray absorptiometry and body composition: differences between devices and comparison with reference methods. *Nutrition.* 2002;18(1):66−70.

[86] Toombs R J, Ducher G, Shepherd J A, De Souza M J. The impact of recent technological advances on the trueness and precision of DXA to assess body composition. *Obesity (Silver Spring).* 2012;20(1):30−39.

[87] Milliken L A, Going S B, Lohman T G. Effects of variations in regional composition on soft tissue measurements by dual−energy X−ray absorptiometry. *Int J Obes.* 1996;20:677−682.

[88] Salamone L M, Fuerst T, Visser M, et al. Measurement of fat mass using DEXA: a validation study in elderly adults. *J Appl Physiol.* 2000;89(1):345−352.

[89] Snead D B, Birge S J, Kohrt W M. Age−related differences in body composition by hydrodensi-tometry and dual−energy X−ray absorptiometry. *J Appl Physiol.* 1993;74(2):770−775.

[90] Valentine R J, Misic M M, Kessinger R B, Mojtahedi M C, Evans E M. Location of body fat and body size impacts DXA soft tissue measures: a simulation study. *Eur J Clin Nutr.* 2008; 62(4):553−559.

[91] LaForgia J, Dollman J, Dale M J, Withers R T, Hill A M. Validation of DXA body composition estimates in obese men and women. *Obesity (Silver Spring).* 2009;17(4):821−826.

[92] Wang Z M, Visser M, Ma R, et al. Skeletal muscle mass: evaluation of neutron activation and dual−energy X−ray absorptiometry methods. *J Appl Physiol.* 1996;80(3):824−831.

[93] Kim J, Wang Z, Heymsfield S B, Baumgartner R N, Gallagher D. Total−body skeletal muscle mass: estimation by a new dual−energy X−ray absorptiometry method. *Am J Clin Nutr.* 2002;76(2):378−383.

[94] Withers R T, Smith D A, Chatterton B E, Schultz C G, Gaffney R D. A comparison of four

methods of estimating the body composition of male endurance athletes. *Eur J Clin Nutr.* 1992;46(11):773 – 784.

[95] Prior B M, Cureton K J, Modlesky C M, et al. In vivo validation of whole body composition estimates from dual – energy X – ray absorptiometry. *J Appl Physiol.* 1997;83(2):623 – 630.

[96] Glickman S G, Marn C S, Supiano M A, Dengel D R. Validity and reliability of dual – energy X – ray absorptiometry for the assessment of abdominal adiposity. *J Appl Physiol.* 2004; 97(2): 509 – 514.

[97] Taylor A E, Kuper H, Varma R D, et al. Validation of dual energy X – ray absorptiometry measures of abdominal fat by comparison with magnetic resonance imaging in an Indian population. *PLoS One.* 2012;7(12):e51042.

[98] Houtkooper L B, Going S B, Sproul J, Blew R M, Lohman T G. Comparison of methods for assessing body – composition changes over 1 y in postmenopausal women. *Am J Clin Nutr.* 2000;72(2):401 – 406.

[99] Tylavsky F A, Lohman T G, Dockrell M, et al. Comparison of the effectiveness of 2 dual – energy X – ray absorptiometers with that of total body water and computed tomography in assessing changes in body composition during weight change. *Am J Clin Nutr.* 2003;77(2):356 – 363.

[100] Nana A, Slater G J, Stewart A D, Burke L M. Methodology review: using dual – energy X – ray absorptiometry (DXA) for the assessment of body composition in athletes and active people. *Int J Sport Nutr Exerc Metab.* 2013;Epub ahead of print. doi:http://dx.doi.org/10.1123/ijsnem.2013 – 0228.

[101] Tylavsky F, Lohman T, Blunt B A, et al. QDR 4500A DXA overestimates fat – free mass compared with criterion methods. *J Appl Physiol.* 2003;94(3):959 – 965.

[102] Nana A, Slater G J, Hopkins W G, Burke L M. Effects of daily activities on dual – energy X – ray absorptiometry measurements of body composition in active people. *Med Sci Sports Exerc.* 2012;44(1):180 – 189.

[103] Nana A, Slater G J, Hopkins W G, Burke L M. Effects of exercise sessions on DXA measurements of body composition in active people. *Med Sci Sports Exerc.* 2013;45(1):178 – 185.

[104] Nana A, Slater G J, Hopkins W G, Burke L M. Techniques for undertaking dual – energy X – ray absorptiometry whole – body scans to estimate body composition in tall and/or broad subjects.

Int J Sport Nutr Exerc Metab. 2012;22(5):313 – 322.

[105] Silva A M, Heymsfield S B, Sardinha L B. Assessing body composition in taller or broader individuals using dual – energy X – ray absorptiometry: a systematic review. *Eur J Clin Nutr.* 2013;67(10):1012 – 1021.

[106] Hangartner T N, Warner S, Braillon P, Jankowski L, Shepherd J. The official positions of the International Society for Clinical Densitometry: acquisition of dual – energy X – ray absorptiometry body composition and considerations regarding analysis and repeatability of measures. *J Clin Densitom.* 2013;16(4):520 – 536.

[107] Nana A, Slater G J, Hopkins W G, et al. Importance of standardized DXA protocol for assessing physique changes in athletes. *Int J Sport Nutr Exerc Metab.* 2013;Epub ahead of print. doi:http://dx.doi.org/10.1123/ijsnem.2013 – 0111

[108] Shepherd J A, Baim S, Bilezikian J P, Schousboe J T. Executive summary of the 2013 International Society for Clinical Densitometry Position Development Conference on Body Composition. *J Clin Densitom.* 2013;16(4):489 – 495.

[109] Booth R A, Goddard B A, Paton A. Measurement of fat thickness in man: a comparison of ultrasound, Harpenden calipers and electrical conductivity. *Br J Nutr.* 1966;20(4):719 – 725.

[110] Bullen B A, Quaade F, Olessen E, Lund S A. Ultrasonic reflections used for measuring subcutaneous fat in humans. *Hum Biol.* 1965;37(4):375 – 384.

[111] Hawes S F, Albert A, Healy M J R, Garrow J S. A comparison of soft – tissue radiography, reflected ultrasound, skinfold calipers, and thigh circumference for estimating the thickness of fat overlying the iliac crest and greater trochanter. *Proc Nutr Soc.* 1972;31(3):91A – 92A.

[112] Müller W, Maughan R J. The need for a novel approach to measure body composition: is ultrasound an answer? *Br J Sports Med.* 2013;47(16):1001 – 1002.

[113] Pineau J C, Filliard J R, Bocquet M. Ultrasound techniques applied to body fat measurement in male and female athletes. *J Athl Train.* 2009;44(2):142 – 147.

[114] Pineau J C, Guihard – Costa A M, Bocquet M. Validation of ultrasound techniques applied to body fat measurement. A comparison between ultrasound techniques, air displacement plethysmography and bioelectrical impedance vs. dual – energy X – ray absorptiometry. *Ann Nutr Metab.* 2007;51(5):421 – 427.

[115] Stolk R P, Wink O, Zelissen P M, Meijer R, van Gils A P, Grobbee D E. Validity and reproducibility of ultrasonography for the measurement of intra−abdominal adipose tissue. *Int J Obes Relat Metab Disord.* 2001;25(9):1346−1351.

[116] Wagner D R. Ultrasound as a tool to assess body fat. *J Obes.* 2013;2013:1−9. doi:http://dx.doi.org/10.1155/2013/280713

[117] Weiss L W, Clark F C. The use of B−mode ultrasound for measuring subcutaneous fat thickness on the upper arms. *Res Q Exerc Sport.* 1985;56(1):77−81.

[118] Johnson K E, Miller B, Juvancic−Heltzel J A, et al. Agreement between ultrasound and dual−energy X−ray absorptiometry in assessing percentage body fat in college−aged adults. *Clin Physiol Funct Imaging.* 2014;34(6):493−496.

[119] Loenneke J P, Barnes J T, Wagganer J D, et al. Validity and reliability of an ultrasound system for estimating adipose tissue. *Clin Physiol Funct Imaging.* 2014;34(2):159−162.

[120] Selkow N M, Pietrosimone B G, Saliba S A. Subcutaneous thigh fat assessment: a comparison of skinfold calipers and ultrasound imaging. *J Athl Train.* 2011;46(1):50−54.

[121] Smith−Ryan A E, Fultz S N, Melvin M N, Wingfield H L, Woessner M N. Reproducibility and validity of A−mode ultrasound for body composition measurement and classification in overweight and obese men and women. *PLoS One.* 2014;9(3):e91750.

[122] Hagen−Ansert S L. *Textbook of Diagnostic Ultrasonography.* 5th ed. St. Louis, MO: Mosby; 2001.

[123] Wagner D R, Thompson B J, Anderson D A, Schwartz S. A−mode and B−mode ultrasound measurement of fat thickness: a cadaver validation study. *Eur J Clin Nutr.* 2018. doi:10.1038/s41430−018−0085−2

[124] Toomey C, McCreesh K, Leahy S, Jakeman P. Technical considerations for accurate measurement of subcutaneous adipose tissue thickness using B−mode ultrasound. *Ultrasound.* 2011;19(2): 91−96.

[125] Bernstein S L, Coble Y D Jr, Eisenbrey A B, et al. The future of ultrasonography: report of the ultrasonography task force. *JAMA.* 1991;266:406−409.

[126] Gulizia R, Uglietti A, Grisolia A, Gervasoni C, Galli M, Filice C. Proven intra and interobserver reliability in the echographic assessments of body fat changes related to HIV associated Adipose

Redistribution Syndrome (HARS). *Curr HIV Res.* 2008;6(4):276−278.

[127] Fanelli M T, Kuczmarski R J. Ultrasound as an approach to assessing body composition. *Am J Clin Nutr.* 1984;39(5):703−709.

[128] Pineau J C, Lalys L, Pellegrini M, Battistini N C. Body fat mass assessment: a comparison between an ultrasound−based device and a discovery A model of DXA. *ISRN Obes.* 2013; 2013:462394.

[129] Horn M, Müller W. Towards an accurate determination of subcutaneous adipose tissue by means of ultrasound. *6th World Congress on Biomechanics.* 2010, Singapore [Poster].

[130] Müller W, Horn M, Furhapter−Rieger A, et al. Body composition in sport: a comparison of a novel ultrasound imaging technique to measure subcutaneous fat tissue compared with skinfold measurement. *Br J Sports Med.* 2013;47(16):1028−1035.

[131] Müller W, Horn M, Furhapter−Rieger A, et al. Body composition in sport: interobserver reliability of a novel ultrasound measure of subcutaneous fat tissue. *Br J Sports Med.* 2013;47(16):1036−1043.

[132] Müller W, Lohman T G, Stewart A D, et al. Subcutaneous fat patterning in athletes: selection of appropriate sites and standardisation of a novel ultrasound measurement technique: ad hoc working group on body composition, health and performance, under the auspices of the IOC Medical Commission. *Br J Sports Med.* 2016;50(1):45−54.

[133] Störchle P, Müller W, Sengeis M, et al. Standardized ultrasound measurement of subcutaneous fat patterning: high reliability and accuracy in groups ranging from lean to obese. *Ultrasound Med Biol.* 2017;43(2):427−438.

第四章

[1] Lohman T G. *Advances in Human Body Composition.* Champaign, IL: Human Kinetics; 1992.

[2] Lohman T G. Skinfolds and body density and their relation to body fatness: a review. *Hum Biol.* 1981;53(2):181−225.

[3] Meyer N L, Sundgot−Borgen J, Lohman T G, et al. Body composition for health and performance: a survey of body composition assessment practice carried out by the Ad Hoc Research Working Group on Body Composition, Health and Performance under the auspices of the IOC Medical

Commission. *Br J Sports Med.* 2013;47(16):1044 – 1053.

[4] Ackland T, Lohman T, Sundgot – Borgen J, et al. Current status of body composition assessment in sport: review and position statement on behalf of the ad hoc research working group on body composition health and performance, under the auspices of the I.O.C. Medical Commission. *Sports Med.* 2012;42(3):227 – 249.

[5] Lohman T G, Roche A F, Martorell R. *Anthropometric Standardization Reference Manual.* Champaign, IL: Human Kinetics; 1988.

[6] Durnin J V, Womersley J. Body fat assessed from total body density and its estimation from skinfold thickness: measurements on 481 men and women aged from 16 to 72 years. *Br J Nutr.* 1974; 32(1):77 – 97.

[7] Heyward V, Stolarczyk L. *Applied Body Composition Assessment.* Champaign, IL: Human Kinetics; 1996.

[8] Jackson A S, Pollock M L. Practical assessment of body composition. *Phys Sportsmed.* 1985; 13(5):76 – 90.

[9] Jackson A S, Pollock M L. Factor analysis and multivariate scaling of anthropometric variables for the assessment of body composition. *Med Sci Sports.* 1976;8(3):196 – 203.

[10] Jackson A S, Pollock M L. Generalized equations for predicting body density of men. *Br J Nutr.* 1978;40(3):497 – 504.

[11] Jackson A S, Pollock M L, Ward A. Generalized equations for predicting body density of women. *Med Sci Sports Exerc.* 1980;12(3):175 – 181.

[12] Peterson M J, Czerwinski S A, Siervogel R M. Development and validation of skinfold – thickness prediction equations with a 4 – compartment model. *Am J Clin Nutr.* 2003;77(5):1186 – 1191.

[13] Evans E M, Rowe D A, Misic M M, Prior B M, Arngrimsson S A. Skinfold prediction equation for athletes developed using a four – component model. *Med Sci Sports Exerc.* 2005; 37(11): 2006 – 2011.

[14] Thorland W G, Tipton C M, Lohman T G, et al. Midwest wrestling study: prediction of minimal weight for high school wrestlers. *Med Sci Sports Exerc.* 1991;23(9):1102 – 1110.

[15] Slaughter M H, Lohman T G, Boileau R A, et al. Skinfold equations for estimation of body fatness in children and youth. *Hum Biol.* 1988;60(5):709 – 723.

[16] Stevens J, Cai J, Truesdale K P, Cuttler L, Robinson T N, Roberts A L. Percent body fat prediction equations for 8 – to 17 – year – old American children. *Pediatr Obes.* 2014;9(4):260 – 271.

[17] Stevens J, Ou F S, Cai J, Heymsfield S B, Truesdale K P. Prediction of percent body fat measurements in Americans 8 years and older. *Int J Obes (Lond).* 2016;40(4):587 – 594.

[18] Jackson A S, Ellis K J, McFarlin B K, Sailors M H, Bray M S. Cross – validation of generalised body composition equations with diverse young men and women: the Training Intervention and Genetics of Exercise Response (TIGER) Study. *Br J Nutr.* 2009;101(6):871 – 878.

[19] O'Connor D P, Bray M S, McFarlin B K, Sailors M H, Ellis K J, Jackson A S. Generalized equations for estimating DXA percent fat of diverse young women and men: the TIGER study. *Med Sci Sports Exerc.* 2010;42(10):1959 – 1965.

[20] Davidson L E, Wang J, Thornton J C, et al. Predicting fat percent by skinfolds in racial groups: Durnin and Womersley revisited. *Med Sci Sports Exerc.* 2011;43(3):542 – 549.

[21] Schoeller D A, Tylavsky F A, Baer D J, et al. QDR 4500A dual – energy X – ray absorptiometer underestimates fat mass in comparison with criterion methods in adults. *Am J Clin Nutr.* 2005;81(5):1018 – 1025.

[22] Brozek J. Body measurements, including skinfold thickness, as indicators of body composition. In: Brozek J, Henschel A, eds. *Techniques for Measuring Body Composition.* Washington, DC: National Academy of Science; 1963:3 – 35.

[23] Lohman T, Roche A, Martorell R. *Anthropometric Standardization Reference Manual.* Champaign, IL: Human Kinetics; 1991.

[24] Pascale L R, Grossman M I, Sloane H S, Frankel T. Correlations between thickness of skin – folds and body density in 88 soldiers. *Hum Biol.* 1956;28(2):165 – 176.

[25] Pollack M L, Schmidt D H, Jackson A S. Measurement of cardio – respiratory fitness and body composition in the clinical setting. *Compr Ther.* 1980;6(9):12 – 27.

[26] Heyward V H. Practical body composition assessment for children, adults, and older adults. *Int J Sport Nutr.* 1998;8(3):285 – 307.

[27] Wang J, Thornton J C, Kolesnik S, Pierson R N. Anthropometry in body composition: an overview. *Ann N Y Acad Sci.* 2000;904:317 – 326.

[28] McArdle W D, Katch F I, Katch V L. *Essentials of Exercise Physiology.* 3rd ed. Baltimore, MD:

Lippincott Williams & Wilkins; 2006.

[29] Seibert H, Pereira A M, Ajzen S A, Nogueira P C. Abdominal circumference measurement by ultrasound does not enhance estimating the association of visceral fat with cardiovascular risk. *Nutrition.* 2013;29(2):393 – 398.

[30] Taylor H A Jr, Coady S A, Levy D, et al. Relationships of BMI to cardiovascular risk factors differ by ethnicity. *Obesity (Silver Spring).* 2010;18(8):1638 – 1645.

[31] Wang J, Thornton J C, Bari S, et al. Comparisons of waist circumferences measured at 4 sites. *Am J Clin Nutr.* 2003;77(2):379 – 384.

[32] Elliott W L. Criterion validity of a computer – based tutorial for teaching waist circumference self – measurement. *J Bodyw Mov Ther.* 2008;12(2):133 – 145.

[33] Carranza Leon B G, Jensen M D, Hartman J J, Jensen T B. Self – measured vs professionally measured waist circumference. *Ann Fam Med.* 2016;14(3):262 – 266.

[34] Brambilla P, Bedogni G, Moreno L A, et al. Crossvalidation of anthropometry against magnetic resonance imaging for the assessment of visceral and subcutaneous adipose tissue in children. *Int J Obes (Lond).* 2006;30(1):23 – 30.

[35] Bouchard C. BMI, fat mass, abdominal adiposity and visceral fat: where is the 'beef'? *Int J Obes (Lond).* 2007;31(10):1552 – 1553.

[36] Friedl K E, Westphal K A, Marchitelli L J, Patton J F, Chumlea W C, Guo S S. Evaluation of anthropometric equations to assess body – composition changes in young women. *Am J Clin Nutr.* 2001;73(2):268 – 275.

[37] Lyra C O, Lima S C, Lima K C, Arrais R F, Pedrosa L F. Prediction equations for fat and fat – free body mass in adolescents, based on body circumferences. *Ann Hum Biol.* 2012;39(4):275 – 280.

[38] Cameron A J, Magliano D J, Soderberg S. A systematic review of the impact of including both waist and hip circumference in risk models for cardiovascular diseases, diabetes and mortality. *Obes Rev.* 2013;14(1):86 – 94.

[39] Goh L G, Dhaliwal S S, Welborn T A, Lee A H, Della P R. Anthropometric measurements of general and central obesity and the prediction of cardiovascular disease risk in women: a cross – sectional study. *BMJ Open.* 2014;4(2):e004138.

[40] Esteghamati A, Mousavizadeh M, Noshad S, Shoar S, Khalilzadeh O, Nakhjavani M. Accuracy of

anthropometric parameters in identification of high-risk patients predicted with cardiovascular risk models. *Am J Med Sci.* 2013;346(1):26-31.

[41] Mohebi R, Bozorgmanesh M, Azizi F, Hadaegh F. Effects of obesity on the impact of short-term changes in anthropometric measurements on coronary heart disease in women. *Mayo Clin Proc.* 2013;88(5):487-494.

[42] Rodrigues S L, Baldo M P, Lani L, Nogueira L, Mill J G, Sa Cunha R. Body mass index is not independently associated with increased aortic stiffness in a Brazilian population. *Am J Hypertens.* 2012;25(10):1064-1069.

[43] Seidell J C, Perusse L, Despres J P, Bouchard C. Waist and hip circumferences have independent and opposite effects on cardiovascular disease risk factors: the Quebec Family Study. *Am J Clin Nutr.* 2001;74(3):315-321.

[44] Tresignie J, Scafoglieri A, Pieter Clarys J, Cattrysse E. Reliability of standard circumferences in domain-related constitutional applications. *Am J Hum Biol.* 2013;25(5):637-642.

[45] Katch F I, McArdle W D. Prediction of body density from simple anthropometric measurements in college-age men and women. *Hum Biol.* 1973;45(3):445-455.

[46] Hodgdon J A, Beckett M B. Prediction of percent body fat for U.S. Navy men from body circumferences and height. Report No. 84-11. 1984. www.dtic.mil/docs/citations/ADA143890

[47] Hodgdon J A, Beckett M B. Prediction of percent body fat for U.S. Navy women from body circumferences and height. Report No. 84-29. 1984. www.dtic.mil/docs/citations/ADA146456

[48] Schuna J M Jr, Hilgers S J, Manikowske T L, Tucker J M, Liguori G. The evaluation of a circumference-based prediction equation to assess body composition changes in men. *Int J Exerc Sci.* 2013;6(3):188-198.

[49] Garcia A L, Wagner K, Hothorn T, Koebnick C, Zunft H J, Trippo U. Improved prediction of body fat by measuring skinfold thickness, circumferences, and bone breadths. *Obes Res.* 2005; 13(3):626-634.

[50] Van Der Ploeg G E, Withers R T, Laforgia J. Percent body fat via DEXA: comparison with a four-compartment model. *J Appl Physiol.* 2003;94(2):499-506.

[51] Lukaski H C, Bolonchuk W W, Hall C B, Siders W A. Validation of tetrapolar bioelectrical impedance method to assess human body composition. *J Appl Physiol.* 1986;60(4):1327-1332.

[52] Sun S S, Chumlea W C, Heymsfield S B, et al. Development of bioelectrical impedance analysis prediction equations for body composition with the use of a multicomponent model for use in epidemiologic surveys. *Am J Clin Nutr.* 2003;77(2):331 – 340.

[53] Kushner R F, Schoeller D A. Estimation of total body water by bioelectrical impedance analysis. *Am J Clin Nutr.* 1986;44:417 – 424.

[54] Davies P S, Jagger S E, Reilly J J. A relationship between bioelectrical impedance and total body water in young adults. *Ann Hum Biol.* 1990;17(5):445 – 448.

[55] Schols A M, Wouters E F, Soeters P B, Westerterp K R. Body composition by bioelectrical – impedance analysis compared with deuterium dilution and skinfold anthropometry in patients with chronic obstructive pulmonary disease. *Am J Clin Nutr.* 1991;53(2):421 – 424.

[56] Van Loan M D, Mayclin P L. Bioelectrical impedance analysis: is it a reliable estimator of lean body mass and total body water? *Hum Biol.* 1987;59:299 – 309.

[57] Van Loan M D, Boileau R A, Slaughter M H, et al. Association of bioelectrical resistance with estimates of fat – free mass determined by densitometry and hydrometry. *Am J Hum Biol.* 1990; 2:219 – 226.

[58] Van Loan M D, Withers P, Matthie J, Mayclin P L. *Use of Bioimpedance Spectroscopy to Determine Extracellular Fluid, Intracellular Fluid, Total Body Water, and Fat – Free Mass.* Vol. 60. New York: Plenum Publishing; 1993.

[59] Nunez C, Gallagher D, Visser M, Pi – Sunyer F X, Wang Z, Heymsfield S B. Bioimpedance analysis: evaluation of leg – to – leg system based on pressure contact footpad electrodes. *Med Sci Sports Exerc.* 1997;29(4):524 – 531.

[60] Bracco D, Thiebaud D, Chiolero R L, Landry M, Burckhardt P, Schutz Y. Segmental body composition assessed by bioelectrical impedance analysis and DEXA in humans. *J Appl Physiol.* 1996;81(6):2580 – 2587.

[61] Rockamann R A, Dalton E K, Arabas J L, Jorn L, Mayhew J L. Validity of arm – to – arm BIA devices compared to DXA for estimating % fat in college men and women. *Int J Exerc Sci.* 2017;10(7):977 – 988.

[62] Bosy – Westphal A, Schautz B, Later W, Kehayias J, Gallagher D, Müller M J. What makes a BIA equation unique? Validity of eight – electrode multifrequency BIA to estimate body composition in

a healthy adult population. *Eur J Clin Nutr.* 2013;67(Suppl 1):S14 – S21.

[63] Bosy – Westphal A, Later W, Hitze B, et al. Accuracy of bioelectrical impedance consumer devices for measurement of body composition in comparison to whole body magnetic resonance imaging and dual X – ray absorptiometry. *Obes Facts.* 2008;1(6):319 – 324.

[64] Kim M, Kim H. Accuracy of segmental multi – frequency bioelectrical impedance analysis for assessing whole – body and appendicular fat mass and lean soft tissue mass in frail women aged 75 years and older. *Eur J Clin Nutr.* 2013;67(4):395 – 400.

[65] Kriemler S, Puder J, Zahner L, Roth R, Braun – Fahrlander C, Bedogni G. Cross – validation of bioelectrical impedance analysis for the assessment of body composition in a representative sample of 6 – to 13 – year – old children. *Eur J Clin Nutr.* 2009;63(5):619 – 626.

[66] Jaffrin M Y, Morel H. Body fluid volumes measurements by impedance: a review of bioimpedance spectroscopy (BIS) and bioimpedance analysis (BIA) methods. *Med Eng Phys.* 2008; 30(10): 1257 – 1269.

[67] De Lorenzo A, Andreoli A, Matthie J, Withers P. Predicting body cell mass with bioimpedance by using theoretical methods: a technological review. *J Appl Physiol.* 1997;82(5):1542 – 1558.

[68] Kyle U G, Bosaeus I, De Lorenzo A D, et al. Bioelectrical impedance analysis—part I: review of principles and methods. *Clin Nutr.* 2004;23(5):1226 – 1243.

[69] Kyle U G, Bosaeus I, De Lorenzo A D, et al. Bioelectrical impedance analysis—part II: utilization in clinical practice. *Clin Nutr.* 2004;23(6):1430 – 1453.

[70] National Institutes of Health Technology Assessment Conference Statement. Bioelectrical impedance analysis in body composition measurement. December 12 – 14, 1994. *Nutrition.* 1996; 12(11 – 12): 749 – 762.

[71] Lohman T, Thompson J, Going S, et al. Indices of changes in adiposity in American Indian children. *Prev Med.* 2003;37(Suppl 1):S91 – S96.

[72] Elia M. Body composition by whole – body bioelectrical impedance and prediction of clinically relevant outcomes: overvalued or underused? *Eur J Clin Nutr.* 2013;67(Suppl 1):S60 – S70.

[73] Lutoslawska G, Malara M, Tomaszewski P, et al. Relationship between the percentage of body fat and surrogate indices of fatness in male and female Polish active and sedentary students. *J Physiol Anthropol.* 2014;33:10.

[74] Santos D A, Matias C N, Rocha P M, et al. Association of basketball season with body composition in elite junior players. *J Sports Med Phys Fitness.* 2014;54(2):162 – 173.

[75] Bergman R N, Stefanovski D, Buchanan T A, et al. A better index of body adiposity. *Obesity (Silver Spring).* 2011;19(5):1083 – 1089.

[76] Krakauer N Y, Krakauer J C. A new body shape index predicts mortality hazard independently of body mass index. *PLoS One.* 2012;7(7):e39504.

[77] Thomas D M, Bredlau C, Bosy – Westphal A, et al. Relationships between body roundness with body fat and visceral adipose tissue emerging from a new geometrical model. *Obesity (Silver Spring).* 2013;21(11):2264 – 2271.

[78] Assessing your weight. Centers for Disease Control and Prevention website. www.cdc.gov/healthyweight/assessing/. Updated May 15, 2015. Accessed December 17, 2015.

[79] Mooney S J, Baecker A, Rundle A G. Comparison of anthropometric and body composition measures as predictors of components of the metabolic syndrome in a clinical setting. *Obes Res Clin Pract.* 2013;7(1):e55 – e66.

[80] Suchanek P, Kralova Lesna I, Mengerova O, Mrazkova J, Lanska V, Stavek P. Which index best correlates with body fat mass: BAI, BMI, waist or WHR? *Neuro Endocrinol Lett.* 2012;33(Suppl 2):78 – 82.

[81] World Health Organization. Waist circumference and waist – hip ratio: report of a WHO expert consultation. Geneva, December 8 – 11, 2008. Technical Report, World Health Organization. 2011.

[82] Freedman D S, Blanck H M, Dietz W H. Is the body adiposity index (hip circumference/height1.5) more strongly related to skinfold thicknesses and risk factor levels than is BMI? The Bogalusa Heart Study. *Br J Nutr.* 2012;108(11):2100 – 2106.

[83] Freedman D S, Thornton J C, Pi – Sunyer F X, et al. The body adiposity index (hip circumference ÷ height1.5) is not a more accurate measure of adiposity than is BMI, waist circumference, or hip circumference. *Obesity (Silver Spring).* 2012;20(12):2438 – 2444.

[84] Martin B J, Verma S, Charbonneau F, Title L M, Lonn E M, Anderson T J. The relationship between anthropometric indexes of adiposity and vascular function in the FATE cohort. *Obesity (Silver Spring).* 2013;21(2):266 – 273.

[85] Tian S, Zhang X, Xu Y, Dong H. Feasibility of body roundness index for identifying a clustering

of cardiometabolic abnormalities compared to BMI, waist circumference and other anthropometric indices: the China Health and Nutrition Survey, 2008 to 2009. *Medicine (Baltimore).* 2016; 95(34): e4642.

[86] Thomas T R, Londeree B R, Lawson D A, Kolkhorst F W. Resting metabolic rate before exercise vs a control day. *Am J Clin Nutr.* 1994;59:28－31.

[87] Chang Y, Guo X, Chen Y, et al. A body shape index and body roundness index: two new body indices to identify diabetes mellitus among rural populations in northeast China. *BMC Public Health.* 2015;15(1):794.

[88] Santos D A, Silva A M, Matias C N, et al. Utility of novel body indices in predicting fat mass in elite athletes. *Nutrition.* 2015;31(7－8):948－954.

第五章

[1] Lohman T G, Roche A F, Martorell R. *Anthropometric Standardization Reference Manual.* Champaign, IL: Human Kinetics; 1988.

[2] Heymsfield S, Lohman T G, Wang Z M, Going S B, eds. *Human Body Composition.* 2nd ed. Champaign, IL: Human Kinetics; 2005.

[3] Guo S S, Chumlea, W C. Statistical methods for the development and testing of predictive equations. In: Roche A F, Heymsfield S B, Lohman T G, eds. *Human Body Composition.* Champaign, IL: Human Kinetics; 1996:191－202.

[4] Ulijaszek S J, Kerr D A. Anthropometric measurement error and the assessment of nutritional status. *Br J Nutr.* 1999;82(3):165－177.

[5] Friedl K E, DeLuca J P, Marchitelli L J, Vogel J A. Reliability of body－fat estimations from a four－component model by using density, body water, and bone mineral measurements. *Am J Clin Nutr.* 1992;55:764－770.

[6] Heymsfield S B, Waki M. Body composition in humans: advances in the development of multicompartment chemical models. *Nutr Rev.* 1991;49:97－108.

[7] Wells J C K, Fuller N J, Dewit O, Fewtrell M S, Elia M, Cole T J. Four－component model of body composition in children: density and hydration of fat－free mass and comparison with simpler models. *Am J Clin Nutr.* 1999;69:904－912.

[8] Withers R T, LaForgia J, Pillans R K, et al. Comparisons of two –, three –, and four – compartment models of body composition analysis in men and women. *J Appl Physiol.* 1998;85(1):238 – 245.

[9] Heymsfield S B, Lichtman S, Baumgartner R N, et al. Body composition of humans: comparison of two improved four – compartment models that differ in expense, technical complexity, and radiation exposure. *Am J Clin Nutr.* 1990;52(1):52 – 58.

[10] Akers R, Buskirk E R. An underwater weighing system utilizing "force cube" transducers. *J Appl Physiol.* 1969;26(5):649 – 652.

[11] Van der Ploeg G, Gunn S, Withers R, Modra A, Crockett A. Comparison of two hydrodensitometric methods for estimating percent body fat. *J Appl Phsyiol.* 2000;88:1175 – 1180.

[12] Fields D A, Goran M I, McCrory M A. Body – composition assessment via air – displacement plethysmography in adults and children: a review. *Am J Clin Nutr.* 2002;75(3):453 – 467.

[13] McCrory M A, Gomez T D, Bernauer E M, Molé P A. Evaluation of a new air displacement plethysmograph for measuring human body composition. *Med Sci Sports Exerc.* 1995; 27(12): 1686 – 1691.

[14] Schoeller D A, Van Santen E, Peterson W M, Dietz W, Jaspan J, Klein P D. Total body water measurement in humans with 18O and 2H labeled water. *Am J Clin Nutr.* 1980;33:2686 – 2693.

[15] Toombs R J, Ducher G, Shepherd J A, De Souza M J. The impact of recent technological advances on the trueness and precision of DXA to assess body composition. *Obesity (Silver Spring).* 2012;20(1):30 – 39.

[16] Gutin B, Litaker M, Islam S, Manos T, Smith C, Treiber F. Body – composition measurement in 9 – 11 – y – old children by dual – energy X – ray absorptiometry, skinfold – thickness measurements, and bioimpedance analysis. *Am J Clin Nutr.* 1996;63(3):287 – 292.

[17] Fuller N J, Laskey M A, Elia M. Assessment of the composition of major body regions by dual – energy X – ray absorptiometry (DEXA), with special reference to limb muscle mass. *Clin Physiol.* 1992;12(3):253 – 266.

[18] Hind K, Oldroyd B, Truscott J G. In vivo precision of the GE Lunar iDXA densitometer for the measurement of total body composition and fat distribution in adults. *Eur J Clin Nutr.* 2011; 65(1):140 – 142.

[19] Vicente – Rodriguez G, Rey – Lopez J P, Mesana M I, et al. Reliability and intermethod agreement

for body fat assessment among two field and two laboratory methods in adolescents. *Obesity (Silver Spring).* 2012;20(1):221 – 228.

[20] Gore C, Norton K, Olds T, et al. Accreditation in anthropometry: an Australian model. Chapter 13. In: Norton K, Olds T, eds. *Anthropometrica.* Sydney, Australia: UNSW Press; 1996:395 – 411.

[21] Stomfai S, Ahrens W, Bammann K, et al. Intra – and inter – observer reliability in anthropometric measurements in children. *Int J Obes (Lond).* 2011;35(Suppl 1):S45 – S51.

[22] Nagy E, Vicente – Rodriguez G, Manios Y, et al. Harmonization process and reliability assessment of anthropometric measurements in a multicenter study in adolescents. *Int J Obes (Lond).* 2008;32(Suppl 5):S58 – S65.

[23] Harrison G G, Buskirk E R, Carter J L, et al. Skinfold thicknesses and measurement technique. In: Lohman T G, Roche A F, Martorell R, eds. *Anthropometric standardization reference manual.* Champaign, IL: Human Kinetics; 1988:177.

[24] Wang J, Thornton J C, Bari S, et al. Comparisons of waist circumferences measured at 4 sites. *Am J Clin Nutr.* 2003;77(2):379 – 384.

[25] Callaway C W. Circumferences. In: Lohman T G, Roche A F, Martorell R, eds. *Anthropometric Standardization Reference Manual.* Champaign, IL: Human Kinetics; 1988:39 – 54.

[26] Verweij L M, et al. Measurement error of waist circumference: gaps in knowledge. *Public Health Nutr.* 2013;16(2):281 – 288.

[27] Schaefer F, Georgi M, Zieger A, Scharer K. Usefulness of bioelectric impedance and skinfold measurements in predicting fat – free mass derived from total body potassium in children. *Pediatr Res.* 1994;35(5):617 – 624.

[28] Lohman T G. *Advances in Human Body Composition.* Champaign, IL: Human Kinetics; 1992.

[29] Crespi C M, Alfonso V H, Whaley S E, Wang M C. Validity of child anthropometric measurements in the Special Supplemental Nutrition Program for Women, Infants, and Children. *Pediatr Res.* 2012;71(3):286 – 292.

[30] Lohman T G. Research progress in validation of laboratory methods of assessing body composi-tion. *Med Sci Sports Exerc.* 1984;16(6):596 – 605.

[31] Accreditation Scheme. The International Society for the Advancement of Kinanthropometry web-site. https://www.isak.global/FormationSystem/AccreditationScheme. Accessed April 20, 2018.

第六章

[1] Oppliger R A, Case H S, Horswill C A, Landry G L, Shelter A C. American College of Sports Medicine position stand: weight loss in wrestlers. *Med Sci Sports Exerc.* 1996;28(6):ix – xii.

[2] Sinning W E. Body composition in athletes. In: Roche A F, Heymsfield S B, Lohman T G, eds. *Human Body Composition.* Champaign, IL: Human Kinetics; 1996:257 – 273.

[3] National Collegiate Athletic Administration (NCAA). Memorandum: NCAA Wrestling Weight Management Program for 2010 – 11. August 20, 2010. http://fs.ncaa.org/Docs/rules/wrestling/2010/ WM_preseason_mailing.pdf. Accessed May 1, 2018.

[4] National Federation of State High School Associations. Wrestling rule book. Elgin, IL: National Federation of State High School Associations.

[5] Lohman T G. *Advances in Body Composition Assessment.* Champaign, IL: Human Kinetics; 1992.

[6] Behnke A R. New concepts of height – weight relationships. In: Wilson NL, ed. *Obesity.* Philadelphia, PA: FA Davis; 1969:25 – 35.

[7] Behnke A R, Wilmore J H. *Evaluation and regulation of body build and composition.* Englewood Cliffs, NJ: Prentice Hall; 1974.

[8] Katch V L, Campaigne B, Freedson P, Sady S, Katch F I, Behnke A R. Contribution of breast volume and weight to body fat distribution in females. *Am J Phys Anthropol.* 1980;53(1):93 – 100.

[9] Klungland Torstveit M, Sundgot – Borgen J. Are under – and overweight female elite athletes thin and fat? A controlled study. *Med Sci Sports Exerc.* 2012;44(5):949 – 957.

[10] Sundgot – Borgen J, Meyer N L, Lohman T G, et al. How to minimise risks for weight – sensitive sports review and position statement on behalf of the Ad Hoc Research Working Group on Body Composition, Health and Performance, under the auspices of the IOC Medical Commission. *Br J Sports Med.* 2013;47:1012 – 1022.

[11] Thorland W G, Tipton C M, Lohman T G, et al. Midwest wrestling study: prediction of minimal weight for high school wrestlers. *Med Sci Sports Exerc.* 1991;23(9):1102 – 1110.

[12] Clark R R, Sullivan J C, Bartok C J, Carrel A L. DXA provides a valid minimum weight in wrestlers. *Med Sci Sports Exerc.* 2007;39(11):2069 – 2075.

[13] Clark R R, Bartok C, Sullivan J C, Schoeller D A. Minimum weight prediction methods cross – validated by the four – component model. *Med Sci Sports Exerc.* 2004;36(4):639 – 647.

[14] Sinning W E. Body composition assessment of college wrestlers. *Med Sci Sports.* 1974; 6(2): 139−145.

[15] Clark R R, Sullivan J C, Bartok C, Schoeller D A. Multicomponent cross−validation of minimum weight predictions for college wrestlers. *Med Sci Sports Exerc.* 2003;35(2):342−347.

[16] Lohman T G. Applicability of body composition techniques and constants for children and youths. In: Pandolf K B, ed. *Exercise and Sport Sciences Reviews.* Vol. 14. New York: Macmillan Publishing Co.; 1986:325−357.

[17] Lohman T G. Skinfolds and body density and their relation to body fatness: a review. *Hum Biol.* 1981;53:181−225.

[18] Siri W E. Body composition from fluid spaces and density: analysis of methods. In: Brozek J, Henschel A, eds. *Techniques for Measuring Body Composition.* National Academy of Sciences: Washington, DC; 1961:223−244.

[19] Visser M, Gallagher D, Deurenberg P, Wang J, Pierson R N, Heymsfield S B. Density of fat−free body mass: relationship with race, age and level of body fatness. *Am J Physiol Endocrinol Metab.* 1997;272(35):E781−E787.

[20] Modlesky C M, Cureton K J, Lewis R D, Prior B M, Sloniger M A, Rowe D A. Density of the fat−free mass and estimates of body composition in male weight trainers. *J Appl Physiol.* 1996;80(6):2085−2096.

[21] Lohman T G. *Advances in Human Body Composition.* Champaign, IL: Human Kinetics; 1992.

[22] Going S B, Massett M P, Hall M C, et al. Detection of small changes in body composition by dual−energy X−ray absorptiometry. *Am J Clin Nutr.* 1993;57:845−850.

[23] Pietrobelli A, Wang Z, Formica C, Heymsfield S B. Dual−energy X−ray absorptiometry: fat estimation errors due to variation in soft tissue hydration. 1998;274(5):E808−E816.

[24] Ackland T R, Lohman T G, Sundgot−Borgen J, et al. Current status of body composition assessment in sport. *Sports Med.* 2012;42(3):227−249.

[25] Toombs R J, Ducher G, Shepherd J A, De Souza M J. The impact of recent technological advances on the trueness and precision of DXA to assess body composition. *Obesity (Silver Spring).* 2012;20(1):30−39.

[26] Evans E M, Prior B M, Modlesky C M. A mathematical method to estimate body composition in

tall individuals using DXA. *Med Sci Sports Exerc.* 2005;37(7):1211 – 1215.

[27] Nana A, Slater G J, Hopkins W G, Burke L M. Techniques for undertaking dual – energy X – ray absorptiometry whole – body scans to estimate body composition in tall and/or broad subjects. *Int J Sport Nutr Exerc Metab.* 2012;22:313 – 322.

[28] Schoeller D A, Tylavsky F A, Baer D J, et al. QDR 4500A dual – energy X – ray absorptiometer underestimates fat mass in comparison with criterion methods in adults. *Am J Clin Nutr.* 2005; 81(5):1018 – 1025.

[29] Santos D A, Silva A M, Matias C N, Fields D A, Heymsfield S B, Sardinha L B. Accuracy of DXA in estimating body composition changes in elite athletes using a four compartment model as the reference method. *Nutr Metab.* 2010;7:22.

[30] Arngrimsson S A, Evans E M, Saunders M J, Ogburn C L III, Lewis R D, Cureton K J. Validation of body composition estimates in male and female distance runners using estimates from a four – component model. *Am J Hum Biol.* 2000;12(3):301 – 314.

[31] Withers R T, LaForgia J, Pillans R K, et al. Comparisons of two –, three –, and four – compartment models of body composition analysis in men and women. *J Appl Physiol.* 1998;85(1):238 – 245.

[32] Schoeller D A, Roche A F, Heymsfield S B, Lohman T G. Hydrometry. In: Roche A F, Heymsfield S B, Lohman T G. *Human Body Composition.* Champaign: Human Kinetics; 1996:25 – 44.

[33] Evans E M, Rowe D A, Misic M M, Prior B M, Arngrimsson S A. Skinfold prediction equation for athletes developed using a four – component model. *Med Sci Sports Exerc.* 2005; 37(11): 2006 – 2011.

[34] Thorland W G, Johnson G O, Tharp G D, Fagot T G, Hammer R W. Validity of anthropometric equations for the estimation of body density in adolescent athletes. *Med Sci Sports Exerc.* 1984; 16(1):77 – 81.

[35] Müller W, Horn M, Furhapter – Rieger A, et al. Body composition in sport: interobserver reliability of a novel ultrasound measure of subcutaneous fat tissue. *Br J Sports Med.* 2013; 47(16): 1036 – 1043.

[36] Müller W, Lohman T G, Stewart A D, et al. Subcutaneous fat patterning in athletes: selection of appropriate sites and standardisation of a novel ultrasound measurement technique: ad hoc working group on body composition, health and performance, under the auspices of the IOC

Medical Commission. *Br J Sports Med.* 2016;50(1):45 – 54.

[37] Storchle P, Müller W, Sengeis M, et al. Standardized ultrasound measurement of subcutaneous fat patterning: high reliability and accuracy in groups ranging from lean to obese. *Ultrasound Med Biol.* 2017;43(2):427 – 438.

[38] Sinning W E, Wilson J R. Validation of "generalized" equations for body composition analysis in women athletes. *Res Q Exerc Sport.* 1984;55:153 – 160.

[39] Sinning W E, Dolny D G, Little K D, et al. Validity of "generalized" equations for body composition analysis in male athletes. *Med Sci Sports Exerc.* 1985;17(1):124 – 130.

[40] Behnke A R. The estimation of lean body weight from "skeletal" measurements. *Hum Biol.* 1959; 31: 295 – 315.

[41] Tcheng T K, Tipton C M. Iowa wrestling study: anthropometric measurements and the prediction of a "minimal" body weight for high school wrestlers. *Med Sci Sports.* 1973;5(1):1 – 10.

[42] Lohman T G. Skinfolds and body density and their relation to body fatness: a review. *Hum Biol.* 1981;53(2):181 – 225.

[43] Sloan A W. Estimation of body fat in young men. *J Appl Physiol.* 1967;23(3):311 – 315.

[44] Jackson A S, Pollock M L, Ward A. Generalized equations for predicting body density of women. *Med Sci Sports Exerc.* 1980;12(3):175 – 181.

[45] Utter A C, Lambeth P G. Evaluation of multifrequency bioelectrical impedance analysis in assessing body composition of wrestlers. *Med Sci Sports Exerc.* 2010;42(2):361 – 367.

[46] Utter A C, Scott J R, Oppliger R A, et al. A comparison of leg – to – leg bioelectrical impedance and skinfolds in assessing body fat in collegiate wrestlers. *J Strength Cond Res.* 2001;15(2):157 – 160.

[47] Moon J R. Body composition in athletes and sports nutrition: an examination of the bioimpedance analysis technique. *Eur J Clin Nutr.* 2013;67(Suppl 1):S54 – S59.

[48] Lukaski H C, Bolonchuk W W, Hall C B, Siders W A. Validation of tetrapolar bioelectrical imped-ance method to assess human body composition. *J Appl Physiol.* 1986;60(4):1327 – 1332.

[49] Bartok C, Schoeller D A, Randall Clark R, Sullivan J C, Landry G L. The effect of dehydration on wrestling minimum weight assessment. *Med Sci Sports Exerc.* 2004;36(1):160 – 167.

[50] Clark R R, Bartok C, Sullivan J C, Schoeller D A. Is leg – to – leg BIA valid for predicting

minimum weight in wrestlers? *Med Sci Sports Exerc.* 2005;37(6):1061 – 1068.

[51] Hetzler R K, Kimura I F, Haines K, Labotz M, Smith J. A comparison of bioelectrical impedance and skinfold measurements in determining minimum wrestling weights in high school wrestlers. *J Athl Train.* 2006;41(1):46 – 51.

第七章

[1] Visser M, Gallagher D, Deurenberg P, Wang J, Pierson R N Jr., Heymsfield S B. Density of fat – free body mass: relationship with race, age, and level of body fatness. *Am J Physiol.* 1997;272(5 Pt 1):E781 – E787.

[2] Roemmich J N, Clark P A, Weltman A, Rogol A D. Alterations in growth and body composition during puberty. I. Comparing multicompartment body composition models. *J Appl Physiol.* 1997; 83(3):927 – 935.

[3] Bemben M G, Massey B H, Bemben D A, Boileau R A, Misner J E. Age – related variability in body composition methods for assessment of percent fat and fat – free mass in men aged 20 – 74 years. *Age Ageing.* 1998;27(2):147 – 153.

[4] Streat S J, Beddoe A H, Hill G L. Measurement of body fat and hydration of the fat – free body in health and disease. *Metabolism.* 1985;34(6):509 – 518.

[5] Heyward V H, Wagner D R. *Applied Body Composition Assessment.* 2nd ed. Champaign, IL: Human Kinetics; 2004.

[6] Pourhassan M, Schautz B, Braun W, Gluer C C, Bosy – Westphal A, Müller M J. Impact of body – composition methodology on the composition of weight loss and weight gain. *Eur J Clin Nutr.* 2013;67(5):446 – 454.

[7] Lee S Y, Gallagher D. Assessment methods in human body composition. *Curr Opin Clin Nutr Metab Care.* 2008;11(5):566 – 572.

[8] Modlesky C M, Cureton K J, Lewis R D, Prior B M, Sloniger M A, Rowe D A. Density of the fat – free mass and estimates of body composition in male weight trainers. *J Appl Physiol.* 1996; 80(6): 2085 – 2096.

[9] Prior B M, Modlesky C M, Evans E M, et al. Muscularity and the density of the fat – free mass in athletes. *J Appl Physiol.* 2001;90(4):1523 – 1531.

[10] Wells J C, Williams J E, Chomtho S, et al. Pediatric reference data for lean tissue properties: density and hydration from age 5 to 20 y. *Am J Clin Nutr.* 2010;91(3):610−618.

[11] Lohman T G, Hingle M, Going S B. Body composition in children. *Pediatr Exerc Sci.* 2013; 25(4):573−590.

[12] Silva A M, Fields D A, Quiterio A L, Sardinha L B. Are skinfold−based models accurate and suitable for assessing changes in body composition in highly trained athletes? *J Strength Cond Res.* 2009;23(6):1688−1696.

[13] van der Ploeg G E, Brooks A G, Withers R T, Dollman J, Leaney F, Chatterton B E. Body composition changes in female bodybuilders during preparation for competition. *Eur J Clin Nutr.* 2001;55(4):268−277.

[14] Withers R T, Noell C J, Whittingham N O, Chatterton B E, Schultz C G, Keeves J P. Body composition changes in elite male bodybuilders during preparation for competition. *Aust J Sci Med Sport.* 1997;29(1):11−16.

[15] Santos D A, Matias C N, Rocha P M, et al. Association of basketball season with body composition in elite junior players. *J Sports Med Phys Fitness.* 2014;54(2):162−173.

[16] Hewitt M J, Going S B, Williams D P, Lohman T G. Hydration of the fat−free body mass in children and adults: implications for body composition assessment. *Am J Physiol.* 1993;265(1 Pt 1): E88−E95.

[17] Fogelholm G M, Sievanen H T, van Marken Lichtenbelt W D, Westerterp K R. Assessment of fat−mass loss during weight reduction in obese women. *Metabolism.* 1997;46(8):968−975.

[18] Duren D L, Sherwood R J, Czerwinski S A, et al. Body composition methods: comparisons and interpretation. *J Diabetes Sci Technol.* 2008;2(6):1139−1146.

[19] Haroun D, Wells J C, Williams J E, Fuller N J, Fewtrell M S, Lawson M S. Composition of the fat−free mass in obese and nonobese children: matched case−control analyses. *Int J Obes.* 2005;29(1):29−36.

[20] Lof M, Forsum E. Hydration of fat−free mass in healthy women with special reference to the effect of pregnancy. *Am J Clin Nutr.* 2004;80(4):960−965.

[21] Nana A, Slater G J, Hopkins W G, Burke L M. Effects of exercise sessions on DXA measurements of body composition in active people. *Med Sci Sports Exerc.* 2013;45(1):178−185.

[22] Nana A, Slater G J, Hopkins W G, Burke L M. Effects of daily activities on dual－energy X－ray absorptiometry measurements of body composition in active people. *Med Sci Sports Exerc.* 2012;44(1):180－189.

[23] Nana A, Slater G J, Hopkins W G, Burke L M. Techniques for undertaking dual－energy X－ray absorptiometry whole－body scans to estimate body composition in tall and/or broad subjects. *Int J Sport Nutr Exerc Metabol.* 2012;22(5):313－322.

[24] LaForgia J, Dollman J, Dale M J, Withers R T, Hill A M. Validation of DXA body composition estimates in obese men and women. *Obesity.* 2009;17(4):821－826.

[25] Santos D A, Silva A M, Matias C N, Fields D A, Heymsfield S B, Sardinha L B. Accuracy of DXA in estimating body composition changes in elite athletes using a four compartment model as the reference method. *Nutr Metab (Lond).* 2010;7:22.

[26] Moon J R, Eckerson J M, Tobkin S E, et al. Estimating body fat in NCAA Division I female athletes: a five－compartment model validation of laboratory methods. *Eur J Appl Physiol.* 2009; 105(1): 119－130.

[27] Forbes G B, Gallup J, Hursh J B. Estimation of total body fat from potassium－40 content. *Science.* 1961;133(3446):101－102.

[28] Ellis K J. Whole－body counting and neutron activation analysis. In: Heymsfield S B, Lohman T G, Wang Z, Going S B, eds. *Human Body Composition.* 2nd ed. Champaign, IL: Human Kinetics; 2005:51－62.

[29] Cordain L, Johnson J E, Bainbridge C N, Wicker R E, Stockler J M. Potassium content of the fat free body in children. *J Sports Med Phys Fitness.* 1989;29(2):170－176.

[30] Lohman T G. Applicability of body composition techniques and constants for children and youths. *Exerc Sport Sci Rev.* 1986;14:325－357.

[31] Lohman T G, Pollock M L, Slaughter M H, Brandon L J, Boileau R A. Methodological factors and the prediction of body fat in female athletes. *Med Sci Sports Exerc.* 1984;16(1):92－96.

[32] Jackson A S, Pollock M L, Ward A. Generalized equations for predicting body density of women. *Med Sci Sports Exerc..* 1980;12(3):175－181.

[33] Lohman T G. *Advances in Human Body Composition.* Champaign, IL: Human Kinetics; 1992.

[34] Stevens J, Ou F S, Cai J, Heymsfield S B, Truesdale K P. Prediction of percent body fat measure-

ments in Americans 8 years and older. *Int J Obes (Lond)*. 2016;40(4):587-594.

[35] Pollock M L, Laughridge E E, Coleman B, Linnerud A C, Jackson A. Prediction of body density in young and middle-aged women. *J Appl Physiol*. 1975;38(4):745-749.

[36] Pollock M L, Hickman T, Kendrick Z, Jackson A, Linnerud A C, Dawson G. Prediction of body density in young and middle-aged men. *J Appl Physiol*. 1976;40(3):300-304.

[37] Jackson A S, Pollock M L. Practical assessment of body composition. *Phys Sportsmed*. 1985; 13:76-90.

[38] Peterson M J, Czerwinski S A, Siervogel R M. Development and validation of skinfold-thickness prediction equations with a 4-compartment model. *Am J Clin Nutr*. 2003;77(5):1186-1191.

[39] Lohman T G, Harris M, Teixeira P J, Weiss L. Assessing body composition and changes in body composition. Another look at dual-energy X-ray absorptiometry. *Ann N Y Acad Sci*. 2000; 904:45-54.

[40] Hopkins W G. Bias in Bland-Altman but not regression validity analyses. *Sports Sci*. 2004; 8:42-46.

[41] Jackson A S, Ellis K J, McFarlin B K, Sailors M H, Bray M S. Cross-validation of generalised body composition equations with diverse young men and women: the Training Intervention and Genetics of Exercise Response (TIGER) Study. *Br J Nutr*. 2009;101(6):871-878.

[42] Schoeller D A, Tylavsky F A, Baer D J, et al. QDR 4500A dual-energy X-ray absorptiometer underestimates fat mass in comparison with criterion methods in adults. *Am J Clin Nutr*. 2005; 81(5):1018-1025.

[43] Wong W W, Stuff J E, Butte N F, Smith E O, Ellis K J. Estimating body fat in African American and white adolescent girls: a comparison of skinfold-thickness equations with a 4-compartment criterion model. *Am J Clin Nutr*. 2000;72(2):348-354.

[44] Slaughter M H, Lohman T G, Boileau R A, et al. Skinfold equations for estimation of body fatness in children and youth. *Hum Biol*. 1988;60(5):709-723.

[45] Stevens J, Cai J, Truesdale K P, Cuttler L, Robinson T N, Roberts A L. Percent body fat prediction equations for 8-to 17-year-old American children. *Pediatr Obes*. 2014;9(4):260-271.

[46] Evans E M, Rowe D A, Misic M M, Prior B M, Arngrimsson S A. Skinfold prediction equation for athletes developed using a four-component model. *Med Sci Sports Exerc*. 2005; 37(11):

2006 – 2011.

[47] Williams D P, Going S B, Lohman T G, Hewitt M J, Haber A E. Estimation of body fat from skin-fold thicknesses in middle – aged and older men and women: a multiple component approach. *Am J Hum Biol.* 1992;4:595 – 605.

[48] Müller W, Horn M, Furhapter – Rieger A, et al. Body composition in sport: interobserver reliability of a novel ultrasound measure of subcutaneous fat tissue. *Br J Sports Med.* 2013; 47(16): 1036 – 1043.

[49] Müller W, Horn M, Furhapter – Rieger A, et al. Body composition in sport: a comparison of a novel ultrasound imaging technique to measure subcutaneous fat tissue compared with skinfold measurement. *Br J Sports Med.* 2013;47(16):1028 – 1035.

[50] Storchle P, Müller W, Sengeis M, et al. Standardized ultrasound measurement of subcutaneous fat patterning: high reliability and accuracy in groups ranging from lean to obese. *Ultrasound Med Biol.* 2017;43(2):427 – 438.

[51] Müller W, Lohman T G, Stewart A D, et al. Subcutaneous fat patterning in athletes: selection of appropriate sites and standardisation of a novel ultrasound measurement technique: ad hoc working group on body composition, health and performance, under the auspices of the IOC Medical Commission. *Br J Sports Med.* 2016;50(1):45 – 54.

[52] Heyward V H, Wagner D R. *Applied Body Composition Assessment.* 2nd ed. Champaign, IL: Human Kinetics; 2004.

[53] Mialich M S, Sicchieri J M F, Junior A A J. Analysis of body composition: a critical review of the use of bioelectrical impedance analysis. *Int J Clin Nutr.* 2014;2(1):1 – 10.

[54] Bartok C, Schoeller D A, Randall Clark R, Sullivan J C, Landry G L. The effect of dehydration on wrestling minimum weight assessment. *Med Sci Sports Exerc.* 2004;36(1):160 – 167.

[55] Clark R R, Bartok C, Sullivan J C, Schoeller D A. Is leg – to – leg BIA valid for predicting minimum weight in wrestlers? *Med Sci Sports Exerc.* 2005;37(6):1061 – 1068.

[56] Jebb S A, Cole T J, Doman D, Murgatroyd P R, Prentice A M. Evaluation of the novel Tanita body – fat analyser to measure body composition by comparison with a four – compartment model. *Br J Nutr.* 2000;83(2):115 – 122.

[57] Nunez C, Gallagher D, Visser M, Pi – Sunyer F X, Wang Z, Heymsfield S B. Bioimpedance

analysis: evaluation of leg – to – leg system based on pressure contact footpad electrodes. *Med Sci Sports Exerc.* 1997;29(4):524 – 531.

[58] Bera T K. Bioelectrical impedance methods for noninvasive health monitoring: a review. *J Med Eng.* 2014(381251Epub 2014 Jun 17).

[59] Walter – Kroker A, Kroker A, Mattiucci – Guehlke M, Glaab T. A practical guide to bioelectrical impedance analysis using the example of chronic obstructive pulmonary disease. *Nutr J.* 2011; 10: 35.

[60] Moon J R. Body composition in athletes and sports nutrition: an examination of the bioimpedance analysis technique. *Eur J Clin Nutr.* 2013;67(Suppl 1):S54 – S59.

[61] Elia M. Body composition by whole – body bioelectrical impedance and prediction of clinically relevant outcomes: overvalued or underused? *Eur J Clin Nutr.* 2013;67(Suppl 1):S60 – S70.

[62] Kushner R F, Schoeller D A. Estimation of total body water by bioelectrical impedance analysis. *Am J Clin Nutr.* 1986;44:417 – 424.

[63] Chumlea W C, Guo S S, Kuczmarski R J, et al. Body composition estimates from NHANES III bioelectrical impedance data. *Int J Obes Relat Metab Disord.* 2002;26(12):1596 – 1609.

[64] Montagnese C, Williams J E, Haroun D, Siervo M, Fewtrell M S, Wells J C. Is a single bioelectrical impedance equation valid for children of wide ranges of age, pubertal status and nutritional status? Evidence from the 4 – component model. *Eur J Clin Nutr.* 2013;67(Suppl 1):S34 – S39.

[65] Kushner R F, Schoeller D A, Fjeld C R, Danford L. Is the impedance index (ht2/R) significant in predicting total body water? *Am J Clin Nutr.* 1992;56:835 – 839.

[66] Houtkooper L B, Going S B, Lohman T G, Roche A F, Van Loan M. Bioelectrical impedance estimation of fat – free body mass in children and youth: a cross – validation study. *J Appl Physiol.* 1992;72(1):366 – 373.

[67] Wells J C K, Fuller N J, Dewit O, Fewtrell M S, Elia M, Cole T J. Four – component model of body composition in children: density and hydration of fat – free mass and comparison with simpler models. *Am J Clin Nutr.* 1999;69:904 – 912.

[68] Bosy – Westphal A, Schautz B, Later W, Kehayias J, Gallagher D, Müller M J. What makes a BIA equation unique? Validity of eight – electrode multifrequency BIA to estimate body composition in a healthy adult population. *Eur J Clin Nutr.* 2013;67(Suppl 1):S14 – S21.

[69] Gallagher D, Visser M, Sepulveda D, Pierson R N, Harris T, Heymsfield S B. How useful is body mass index for comparison of body fatness across age, sex, and ethnic groups? *Am J Epidemiol.* 1996;143(3):228–239.

[70] Rush E C, Freitas I, Plank L D. Body size, body composition and fat distribution: comparative analysis of European, Maori, Pacific Island and Asian Indian adults. *Br J Nutr.* 2009; 102(4): 632–641.

[71] Fernandez J R, Heo M, Heymsfield S B, et al. Is percentage body fat differentially related to body mass index in Hispanic Americans, African Americans, and European Americans? *Am J Clin Nutr.* 2003;77(1):71–75.

[72] Okorodudu D O, Jumean M F, Montori V M, et al. Diagnostic performance of body mass index to identify obesity as defined by body adiposity: a systematic review and meta–analysis. *Int J Obes.* 2010;34(5):791–799.

[73] Gallagher D, Visser M, Sepulveda D, Pierson R N, Harris T, Heymsfield S B. How useful is body mass index for comparison of body fatness across age, sex, and ethnic groups? *Am J Epidemiol.* 1996;143(3):228–239.

[74] Gallagher D, Ruts E, Visser M, et al. Weight stability masks sarcopenia in elderly men and women. *Am J Physiol Endocrinol Metab.* 2000;279(2):E366–E375.

[75] Javed A, Jumean M, Murad M H, et al. Diagnostic performance of body mass index to identify obesity as defined by body adiposity in children and adolescents: a systematic review and meta–analysis. *Pediatr Obes.* 2014.

[76] Laurson K R, Eisenmann J C, Welk G J. Development of youth percent body fat standards using receiver operating characteristic curves. *Am J Prev Med.* 2011;41(4 Suppl 2):S93–S99.

[77] Laurson K R, Eisenmann J C, Welk G J. Body fat percentile curves for U.S. children and adolescents. *Am J Prev Med.* 2011;41(4 Suppl 2):S87–S92.

[78] Laurson K R, Eisenmann J C, Welk G J. Body mass index standards based on agreement with health–related body fat. *Am J Prev Med.* 2011;41(4 Suppl 2):S100–S105.

[79] Going S B, Lohman T G, Cussler E C, Williams D P, Morrison J A, Horn P S. Percent body fat and chronic disease risk factors in U.S. children and youth. *Am J Prev Med.* 2011;41(4 Suppl 2): S77–S86.

[80] Sundgot－Borgen J, Meyer N L, Lohman T G, et al. How to minimise the health risks to athletes who compete in weight－sensitive sports review and position statement on behalf of the Ad Hoc Research Working Group on Body Composition, Health and Performance, under the auspices of the IOC Medical Commission. *Br J Sports Med.* 2013;47(16):1012－1022.

第八章

[1] Stewart A D, Sutton L. *Body Composition in Sport, Exercise and Health.* Abingdon, UK: Routledge; 2012.

[2] Lohman T G. *Advances in Body Composition Assessment.* Champaign, IL: Human Kinetics; 1992.

[3] Foreyt J P, Poston W S. Consensus view on the role of dietary fat and obesity. *Am J Med.* 2002; 113(Suppl 9B):S60－S62.

[4] Carr D B, Utzschneider K M, Hull R L, et al. Intra－abdominal fat is a major determinant of the National Cholesterol Education Program Adult Treatment Panel III criteria for the metabolic syndrome. *Diabetes.* 2004;53(8):2087－2094.

[5] Bacon L, Stern J S, Van Loan M D, Keim N L. Size acceptance and intuitive eating improve health for obese, female chronic dieters. *J Am Diet Assoc.* 2005;105(6):929－936.

[6] Karelis A D, St－Pierre D H, Conus F, Rabasa－Lhoret R, Poehlman E T. Metabolic and body composition factors in subgroups of obesity: what do we know? *J Clin Endocrinol Metab.* 2004;89(6):2569－2575.

[7] Störchle P, Müller W, Sengeis M, et al. Standardized ultrasound measurement of subcutaneous fat patterning: high reliability and accuracy in groups ranging from lean to obese. *Ultrasound Med Biol.* 2017;43(2):427－438.

[8] Brown L D. Endocrine regulation of fetal skeletal muscle growth: impact on future metabolic health. *J Endocrinol.* 2014;221(2):R13－R29.

[9] Kulkarni B, Hills A P, Byrne N M. Nutritional influences over the life course on lean body mass of individuals in developing countries. *Nutr Rev.* 2014;72(3):190－204.

[10] Goodell L S, Wakefield D B, Ferris A M. Rapid weight gain during the first year of life predicts obesity in 2－3 year olds from a low－income, minority population. *J Community Health.* 2009;34(5):370－375.

[11] Taveras E M, Rifas – Shiman S L, Belfort M B, Kleinman K P, Oken E, Gillman M W. Weight status in the first 6 months of life and obesity at 3 years of age. *Pediatrics.* 2009; 123(4): 1177 – 1183.

[12] Monteiro P O, Victora C G. Rapid growth in infancy and childhood and obesity in later life: a systematic review. *Obes Rev.* 2005;6(2):143 – 154.

[13] Yang Z, Huffman S L. Nutrition in pregnancy and early childhood and associations with obesity in developing countries. *Matern Child Nutr.* 2013;9(Suppl 1):105 – 119.

[14] Lohman T G, Chen Z. Dual – energy X – ray absorptiometry. In: Heymsfield S B, Lohman T G, Wang Z M, Going S B, eds. *Human Body Composition.* 2nd ed. Champaign, IL: Human Kinetics; 2005:63 – 77.

[15] Williams M H. *Nutrition for Health, Fitness and Sport.* New York, NY: McGraw – Hill; 2007.

[16] Cordain L, Eaton S B, Sebastian A, et al. Origins and evolution of the Western diet: health implications for the 21st century. *Am J Clin Nutr.* 2005;81(2):341 – 354.

[17] Bauer J, Biolo G, Cederholm T, et al. Evidence – based recommendations for optimal dietary protein intake in older people: a position paper from the PROT – AGE Study Group. *J Am Med Dir Assoc.* 2013;14(8):542 – 559.

[18] Lonsdale D. Crime and violence: a hypothetical explanation of its relationship with high calorie malnutrition. *J Advan Med.* 1994;7(3):171 – 180.

[19] Wortsman J, Matsuoka L Y, Chen T C, Lu Z, Holick M F. Decreased bioavailability of vitamin D in obesity. *Am J Clin Nutr.* 2000;72(3):690 – 693.

[20] Williams D P, Going S B, Lohman T G, et al. Body fatness and risk for elevated blood pressure, total cholesterol, and serum lipoprotein ratios in children and adolescents. *Am J Public Health.* 1992;82(3):358 – 363.

[21] Lohman T, Hingle M, Going S B. Assessment of body composition in children in 1989 (25 years ago). *Pediatr Exerc Sci.* 2013;25(4):573 – 590.

[22] Freedman D S, Sherry B. The validity of BMI as an indicator of body fatness and risk among children. *Pediatrics.* 2009;124(Suppl 1):S23 – S34.

[23] Freedman D S, Ogden C L, Kit B K. Interrelationships between BMI, skinfold thicknesses, percent body fat, and cardiovascular disease risk factors among U.S. children and adolescents.

BMC Pediatr. 2015;15:188.

[24] Going S B, Lohman T G, Cussler E C, Williams D P, Morrison J A, Horn P S. Percent body fat and chronic disease risk factors in U.S. children and youth. *Am J Prev Med.* 2011;41(Suppl 2): S77 – S86.

[25] Sardinha L B, Teixeira P J. Measuring adiposity and fat distribution in relation to health. In: Heymsfield S B, Lohman T G, Wang Z M, Going S B, eds. *Human Body Composition.* 2nd ed. Champaign, IL: Human Kinetics; 2005:177 – 202.

[26] Malina R M. Variation in body composition associated with sex and ethnicity. In: Heymsfield S B, Lohman T G, Wang Z M, Going S B, eds. *Human Body Composition.* 2nd ed. Champaign, IL: Human Kinetics; 2005:271 – 298.

[27] Lukaski H C. Assessing muscle mass. In: Heymsfield S B, Lohman T G, Wang Z M, Going S B, eds. *Human Body Composition.* 2nd ed. Champaign, IL: Human Kinetics; 2005:203 – 218.

[28] Farr J N, Khosla S. Skeletal changes through the lifespan: from growth to senescence. *Nat Rev Endocrinol.* 2015;11(9):513 – 521.

[29] Webber L S, Catellier D J, Lytle L A, et al. Promoting physical activity in middle school girls: Trial of Activity for Adolescent Girls. *Am J Prev Med.* 2008;34(3):173 – 184.

[30] Baird J, Fisher D, Lucas P, Kleijnen J, Roberts H, Law C. Being big or growing fast: systematic review of size and growth in infancy and later obesity. *BMJ.* 2005;331(7522):929.

[31] Schmelzle H R, Fusch C. Body fat in neonates and young infants: validation of skinfold thickness versus dual – energy X – ray absorptiometry. *Am J Clin Nutr.* 2002;76(5):1096 – 1100.

[32] Deierlein A L, Thornton J, Hull H, Paley C, Gallagher D. An anthropometric model to estimate neonatal fat mass using air displacement plethysmography. *Nutr Metab (Lond).* 2012;9:21.

[33] Guo S S, Chumlea W C. Tracking of body mass index in children in relation to overweight in adulthood. *Am J Clin Nutr.* 1999;70(1):145S – 148S.

[34] Wolfe R R, Miller S L, Miller K B. Optimal protein intake in the elderly. *Clin Nutr.* 2008; 27(5): 675 – 684.

[35] Evans W J, Morley J E, Argiles J, et al. Cachexia: a new definition. *Clin Nutr.* 2008; 27(6):793 – 799.

[36] Heymsfield S B, McManus C, Smith J, Stevens V, Nixon D W. Anthropometric measurement of

muscle mass: revised equations for calculating bone – free arm muscle area. *Am J Clin Nutr.* 1982;36:680 – 690.

[37] Barac – Nieto M, Spurr G B, Lotero H, Maksud M G. Body composition in chronic undernutrition. *Am J Clin Nutr.* 1978;31(1):23 – 40.

[38] Meyer N L, Sundgot – Borgen J, Lohman T G, et al. Body composition for health and perfor-mance: a survey of body composition assessment practice carried out by the Ad Hoc Research Working Group on Body Composition, Health and Performance under the auspices of the IOC Medical Commission. *Br J Sports Med.* 2013;47(16):1044 – 1053.

[39] Obesity and overweight. World Health Organization website. www.who.int/mediacentre/fact-sheets/fs311/en/. Accessed February 10, 2016.

[40] Mountjoy M, Sundgot – Borgen J, Burke L, et al. The IOC consensus statement: beyond the Female Athlete Triad—Relative Energy Deficiency in Sport (RED – S). *Br J Sports Med.* 2014; 48(7):491 – 497.

[41] Sundgot – Borgen J, Meyer N L, Lohman T G, et al. How to minimise risks for weight sensitive sports: review and position statement on behalf of the Ad Hoc Research Working Group on Body Composition, Health and Performance, under the auspices of the IOC Medical Commission. *Br J Sports Med.* 2013;47:1012 – 1022.

[42] Ackland T, Lohman T, Sundgot – Borgen J, et al. Current status of body composition assessment in sport: review and position statement on behalf of the Ad Hoc Research Working Group on Body Composition Health and Performance, under the auspices of the I.O.C. Medical Commission. *Sports Med.* 2012;42(3):227 – 249.

[43] Müller W, Lohman T G, Stewart A D, et al. Subcutaneous fat patterning in athletes: selection of appropriate sites and standardisation of a novel ultrasound measurement technique: ad hoc working group on body composition, health and performance, under the auspices of the IOC Medical Commission. *Br J Sports Med.* 2016;50(1):45 – 54.

[44] Garthe I, Raastad T, Refsnes P E, Koivisto A, Sundgot – Borgen J. Effect of two different weight – loss rates on body composition and strength and power – related performance in elite athletes. *Int J Sport Nutr Exerc Metab.* 2011;21(2):97 – 104.

[45] Sundgot – Borgen J, Garthe I. Elite athletes in aesthetic and Olympic weight – class sports and the

challenge of body weight and body compositions. *J Sports Sci.* 2011;29(Suppl 1):S101 – S114.

[46] Mettler S, Mitchell N, Tipton K D. Increased protein intake reduces lean body mass loss during weight loss in athletes. *Med Sci Sports Exerc.* 2010;42(2):326 – 337.

[47] Helms E R, Zinn C, Rowlands D S, Brown S R. A systematic review of dietary protein during caloric restriction in resistance trained lean athletes: a case for higher intakes. *Int J Sport Nutr Exerc Metab.* 2014;24(2):127 – 138.

[48] Heyward V H, Wagner D R. *Applied Body Composition Assessment.* 2nd ed. Champaign, IL: Human Kinetics; 2004.

[49] Tipton K D, Wolfe R R. Exercise, protein metabolism, and muscle growth. *Int J Sport Nutr Exerc Metab.* 2001;11(1):109 – 132.

[50] Phillips S M, Tipton K D, Ferrando A A, Wolfe R R. Resistance training reduces the acute exercise – induced increase in muscle protein turnover. *Am J Physiol.* 1999;276(1 Pt 1):E118 – E124.

[51] Lohman T, Going S, Pamenter R, et al. Effects of resistance training on regional and total bone mineral density in premenopausal women: a randomized prospective study. *J Bone Miner Res.* 1995;10(7):1015 – 1024.

[52] Lohman T. Exercise and bone mineral density. *Quest.* 1995;47:354 – 361.

[53] Heymsfield S B, Lohman T G, Wang Z, Going S B, eds. *Human Body Composition.* 2nd ed. Champaign, IL: Human Kinetics; 2005.

[54] American Psychiatric Association. *Diagnostic and Statistical Manual for Mental Disorders: DSM – IV.* 4th ed. Washington, DC: American Psychiatric Association; 1994.

[55] Nattiv A, Loucks A B, Manore M M, et al. American College of Sports Medicine position stand: the female athlete triad. *Med Sci Sports Exerc.* 2007;39(10):1867 – 1882.

[56] Torstveit M K, Aagedal – Mortensen K, Stea T H. More than half of high school students report disordered eating: a cross sectional study among Norwegian boys and girls. *PLoS One.* 2015; 10(3):e0122681.

[57] Smink F R, van Hoeken D, Oldehinkel A J, Hoek H W. Prevalence and severity of DSM – 5 eating disorders in a community cohort of adolescents. *Int J Eat Disord.* 2014;47(6):610 – 619.

[58] Neumark – Sztainer D, Wall M, Larson N I, Eisenberg M E, Loth K. Dieting and disordered eating behaviors from adolescence to young adulthood: findings from a 10 – year longitudinal study. *J*

Am Diet Assoc. 2011;111(7):1004 – 1011.

[59] Sundgot – Borgen J, Torstveit M K. Prevalence of eating disorders in elite athletes is higher than in the general population. *Clin J Sport Med.* 2004;14(1):25 – 32.

[60] American Dietetic Association. Practice paper of the American Dietetic Association: nutrition intervention in the treatment of eating disorders. *J Am Diet Assoc.* 2011;111:1236 – 1241.

[61] American Psychiatric Association. *American Psychiatric Association Practice Guidelines for the Treatment of Psychiatric Disorders: Compendium 2006.* Arlington, VA: American Psychiatric Publishing; 2006.

[62] Lund B C, Hernandez E R, Yates W R, Mitchell J R, McKee P A, Johnson C L. Rate of inpatient weight restoration predicts outcome in anorexia nervosa. *Int J Eat Disord.* 2009;42(4):301 – 305.

[63] Carter J C, Mercer – Lynn K B, Norwood S J, et al. A prospective study of predictors of relapse in anorexia nervosa: implications for relapse prevention. *Psychiatry Res.* 2012;200(2 – 3):518 – 523.

[64] Probst M, Goris M, Vandereycken W, Van Coppenolle H. Body composition of anorexia nervosa patients assessed by underwater weighing and skinfold – thickness measurements before and after weight gain. *Am J Clin Nutr.* 2001;73(2):190 – 197.

[65] Salisbury J J, Levine A S, Crow S J, Mitchell J E. Refeeding, metabolic rate, and weight gain in anorexia nervosa: a review. *Int J Eat Disord.* 1995;17(4):337 – 345.

[66] Scalfi L, Polito A, Bianchi L, et al. Body composition changes in patients with anorexia nervosa after complete weight recovery. *Eur J Clin Nutr.* 2002;56(1):15 – 20.

[67] Fernandez – del – Valle M, Larumbe – Zabala E, Villasenor – Montarroso A, et al. Resistance training enhances muscular performance in patients with anorexia nervosa: a randomized controlled trial. *Int J Eat Disord.* 2014;47(6):601 – 609.

[68] Fernandez – del – Valle M, Larumbe – Zabala E, Graell – Berna M, Perez – Ruiz M. Anthropometric changes in adolescents with anorexia nervosa in response to resistance training. *Eat Weight Disord.* 2015;20(3):311 – 317.

[69] Bratland – Sanda S, Martinsen E W, Sundgot – Borgen J. Changes in physical fitness, bone mineral density and body composition during inpatient treatment of underweight and normal weight females with longstanding eating disorders. *Int J Environ Res Public Health.* 2012;9(1):315 – 330.

[70] Zuckerman – Levin N, Hochberg Z, Latzer Y. Bone health in eating disorders. *Obes Rev.* 2014;

15(3):215−223.

[71] Modan−Moses D, Levy−Shraga Y, Pinhas−Hamiel O, et al. High prevalence of vitamin D deficiency and insufficiency in adolescent inpatients diagnosed with eating disorders. *Int J Eat Disord.* 2015;48(6):607−614.

[72] Fogelholm M, Sievanen H, Heinonen A, et al. Association between weight cycling history and bone mineral density in premenopausal women. *Osteoporos Int.* 1997;7(4):354−358.

[73] Shuster A, Patlas M, Pinthus J H, Mourtzakis M. The clinical importance of visceral adiposity: a critical review of methods for visceral adipose tissue analysis. *Br J Radiol.* 2012;85(1009):1−10.

[74] Kaul S, Rothney M P, Peters D M, et al. Dual−energy X−ray absorptiometry for quantification of visceral fat. *Obesity (Silver Spring).* 2012;20(6):1313−1318.

[75] De Lucia Rolfe E, Sleigh A, Finucane F M, et al. Ultrasound measurements of visceral and subcutaneous abdominal thickness to predict abdominal adiposity among older men and women. *Obesity (Silver Spring).* 2010;18(3):625−631.

[76] Philipsen A, Jørgensen M E, Vistisen D, et al. Associations between ultrasound measures of abdominal fat distribution and indices of glucose metabolism in a population at high risk of type 2 diabetes: the ADDITION−PRO study. *PLoS One.* 2015;10(4):e0123062.

[77] Wagner D R. Ultrasound as a tool to assess body fat. http://dx.doi.org/10.1155/2013/280713. *J Obes.* 2013;2013:1−9.

[78] Lee D H, Park K S, Ahn S, et al. Comparison of abdominal visceral adipose tissue area measured by computed tomography with that estimated by bioelectrical impedance analysis method in Korean subjects. *Nutrients.* 2015;7(12):10513−10524.

[79] Tomiyama A J, Hunger J M, Nguyen−Cuu J, Wells C. Misclassification of cardiometabolic health when using body mass index categories in NHANES 2005−2012. *Int J Obes (Lond).* 2016; 40(5): 883−886.

[80] ACSM. *ACSM's Guidelines for Exercise Testing and Prescription.* 10th ed. China: Wolters Kluwer; 2017.

[81] Despres J P. Abdominal obesity and cardiovascular disease: is inflammation the missing link? *Can J Cardiol.* 2012;28(6):642−652.

[82] Harris M M. Obesity and fat distribution. In: Caballero B, Allen L, Prentice A M, eds. *Ency-*

clopedia of Human Nutrition. 1st ed. Kidlington, UK: Academic Press; 1998:1973.

[83] Pinho C P S, Diniz A D S, de Arruda I K G, Leite A, Petribu M M V, Rodrigues I G. Predictive models for estimating visceral fat: the contribution from anthropometric parameters. *PLoS One.* 2017; 12(7):e0178958.

[84] Swainson M G, Batterham A M, Tsakirides C, Rutherford Z H, Hind K. Prediction of whole−body fat percentage and visceral adipose tissue mass from five anthropometric variables. *PLoS One.* 2017;12(5):e0177175.

[85] Egger G, Dobson A. Clinical measures of obesity and weight loss in men. *Int J Obes Relat Metab Disord.* 2000;24(3):354−357.

[86] Pourhassan M, Schautz B, Braun W, Gluer C C, Bosy−Westphal A, Müller M J. Impact of body−composition methodology on the composition of weight loss and weight gain. *Eur J Clin Nutr.* 2013;67(5):446−454.

[87] Heymsfield S B, Gonzalez M C, Shen W, Redman L, Thomas D. Weight loss composition is one−fourth fat−free mass: a critical review and critique of this widely cited rule. *Obes Rev.* 2014;15(4):310−321.

[88] Evans E M, Mojtahedi M C, Thorpe M P, Valentine R J, Kris−Etherton P M, Layman D K. Effects of protein intake and gender on body composition changes: a randomized clinical weight loss trial. *Nutr Metab (Lond).* 2012;9(1):55.

[89] Beavers K M, Ambrosius W T, Rejeski W J, et al. Effect of exercise type during intentional weight loss on body composition in older adults with obesity. *Obesity (Silver Spring).* 2017; 25(11): 1823−1829.

[90] Dulloo A G, Jacquet J, Montani J P, Schutz Y. How dieting makes the lean fatter: from a per-spective of body composition autoregulation through adipostats and proteinstats awaiting discovery. *Obes Rev.* 2015;16(Suppl 1):25−35.

[91] Backx E M, Tieland M, Borgonjen−van den Berg K J, Claessen P R, van Loon L J, de Groot L C. Protein intake and lean body mass preservation during energy intake restriction in overweight older adults. *Int J Obes (Lond).* 2016;40(2):299−304.

[92] Goss A M, Goree L L, Ellis A C, et al. Effects of diet macronutrient composition on body composition and fat distribution during weight maintenance and weight loss. *Obesity (Silver*

Spring). 2013; 21(6): 1139 – 1142.

[93] Liebman M. When and why carbohydrate restriction can be a viable option. *Nutrition.* 2014; 30(7 – 8):748 – 754.

[94] Shapses S A, Von Thun N L, Heymsfield S B, et al. Bone turnover and density in obese premenopausal women during moderate weight loss and calcium supplementation. *J Bone Miner Res.* 2001;16(7):1329 – 1336.

[95] Bowen J, Noakes M, Clifton P M. A high dairy protein, high – calcium diet minimizes bone turnover in overweight adults during weight loss. *J Nutr.* 2004;134(3):568 – 573.

[96] Rector R S, Loethen J, Ruebel M, Thomas T R, Hinton P S. Serum markers of bone turnover are increased by modest weight loss with or without weight – bearing exercise in overweight premenopausal women. *Appl Physiol Nutr Metab.* 2009;34(5):933 – 941.

[97] Labouesse M A, Gertz E R, Piccolo B D, et al. Associations among endocrine, inflammatory, and bone markers, body composition and physical activity to weight loss induced bone loss. *Bone.* 2014; 64:138 – 146.

[98] Ding J, Kritchevsky S B, Newman A B, et al. Effects of birth cohort and age on body composition in a sample of community – based elderly. *Am J Clin Nutr.* 2007;85(2):405 – 410.

[99] Cesari M, Kritchevsky S B, Baumgartner R N, et al. Sarcopenia, obesity, and inflammation: results from the Trial of Angiotensin Converting Enzyme Inhibition and Novel Cardiovascular Risk Factors study. *Am J Clin Nutr.* 2005;82(2):428 – 434.

[100] Visser M, Langlois J, Guralnik J M, et al. High body fatness, but not low fat – free mass, predicts disability in older men and women: the Cardiovascular Health Study. *Am J Clin Nutr.* 1998; 68(3): 584 – 590.

[101] Kuk J L, Saunders T J, Davidson L E, Ross R. Age – related changes in total and regional fat distribution. *Ageing Res Rev.* 2009;8(4):339 – 348.

[102] Franklin R M, Ploutz – Snyder L, Kanaley J A. Longitudinal changes in abdominal fat distribution with menopause. *Metabolism.* 2009;58(3):311 – 315.

[103] Baumgartner R N, Rhyne R L, Garry P J, Heymsfield S B. Imaging techniques and anatomical body composition in aging. *J Nutr.* 1993;123(2 Suppl):444 – 448.

[104] Poehlman E T, Toth M J, Bunyard L B, et al. Physiological predictors of increasing total and

central adiposity in aging men and women. *Arch Intern Med.* 1995;155(22):2443－2448.

[105] Gallagher D, Visser M, De Meersman R E, et al. Appendicular skeletal muscle mass: effects of age, gender, and ethnicity. *J Appl Physiol.* 1997;83(1):229－239.

[106] Frontera W R, Hughes V A, Fielding R A, Fiatarone M A, Evans W J, Roubenoff R. Aging of skeletal muscle: a 12－yr longitudinal study. *J Appl Physiol.* 2000;88(4):1321－1326.

[107] Deschenes M R. Effects of aging on muscle fibre type and size. *Sports Med.* 2004; 34(12): 809－824.

[108] Batsis J A, Mackenzie T A, Jones J D, Lopez－Jimenez F, Bartels S J. Sarcopenia, sarcopenic obesity and inflammation: results from the 1999－2004 National Health and Nutrition Examination Survey. *Clin Nutr.* 2016.

[109] Visser M, Pahor M, Taaffe D R, et al. Relationship of interleukin－6 and tumor necrosis factor－alpha with muscle mass and muscle strength in elderly men and women: the Health ABC Study. *J Gerontol A Biol Sci Med Sci.* 2002;57(5):M326－M332.

[110] Baumgartner R N, Wayne S J, Waters D L, Janssen I, Gallagher D, Morley J E. Sarcopenic obesity predicts instrumental activities of daily living disability in the elderly. *Obes Res.* 2004; 12(12): 1995－2004.

[111] Visser M, Goodpaster B H, Kritchevsky S B, et al. Muscle mass, muscle strength, and muscle fat infiltration as predictors of incident mobility limitations in well－functioning older persons. *J Gerontol A Biol Sci Med Sci.* 2005;60(3):324－333.

[112] Goodpaster B H, Kelley D E. Obesity and diabetes: body composition determinants of insulin resistance. In: Heymsfield S, Lohman T, Wang Z, Going S, eds. *Human Body Composition.* 2nd ed. Champaign, IL: Human Kinetics; 2005:365－375.

[113] Blunt B A, Klauber M R, Barrett－Connor E L, Edelstein S L. Sex differences in bone mineral density in 1653 men and women in the sixth through tenth decades of life: the Rancho Bernardo Study. *J Bone Miner Res.* 1994;9(9):1333－1338.

[114] Lloyd J T, Alley D E, Hochberg M C, et al. Changes in bone mineral density over time by body mass index in the Health ABC study. *Osteoporos Int.* 2016.

[115] Farhat G N, Newman A B, Sutton－Tyrrell K, et al. The association of bone mineral density measures with incident cardiovascular disease in older adults. *Osteoporos Int.* 2007; 18(7):

999 – 1008.

[116] World Health Organization. *Assessment of fracture risk and its application to screening for postmenopausal osteoporosis: report of a WHO Study Group.* Geneva; 1994.

[117] World Health Organization. *WHO scientific group on the assessment of osteoporosis at primary health care level: summary meeting report.* Brussels; 2007.

[118] Behnke A R, Feen B G, Welham W C. The specific gravity of healthy men. Body weight divided by volume as an index of obesity. *JAMA.* 1942;118:495 – 498.

[119] Pace N, Rathbun E N. Studies on body composition: body water and chemically combined nitrogen content in relation to fat content. *J Biol Chem.* 1945;158:685 – 691.

[120] Visser M, Gallagher D, Deurenberg P, Wang J, Pierson R N Jr., Heymsfield S B. Density of fat – free body mass: relationship with race, age, and level of body fatness. *Am J Physiol.* 1997;272(5 Pt 1):E781 – E787.

[121] Baumgartner R N, Heymsfield S B, Lichtman S, Wang J, Pierson R N, Jr. Body composition in elderly people: effect of criterion estimates on predictive equations. *Am J Clin Nutr.* 1991; 53(6):1345 – 1353.

[122] Heymsfield S B, Wang J, Lichtman S, Kamen Y, Kehayias J, Pierson R N Jr. Body composition in elderly subjects: a critical appraisal of clinical methodology. *Am J Clin Nutr.* 1989;50(5 Suppl): 1167 – 1175; discussion 1231 – 1165.

[123] Yee A J, Fuerst T, Salamone L, et al. Calibration and validation of an air – displacement plethys-mography method for estimating percentage body fat in an elderly population: a comparison among compartmental models. *Am J Clin Nutr.* 2001;74(5):637 – 642.

[124] Withers R T, LaForgia J, Pillans R K, et al. Comparisons of two –, three –, and four – compartment models of body composition analysis in men and women. *J Appl Physiol.* 1998;85(1):238 – 245.

[125] Pietrobelli A, Wang Z, Formica C, Heymsfield S B. Dual – energy X – ray absorptiometry: fat estimation errors due to variation in soft tissue hydration. *Am J Physiol.* 1998;274(5 Pt 1): E808 – E816.

[126] Toombs R J, Ducher G, Shepherd J A, De Souza M J. The impact of recent technological advances on the trueness and precision of DXA to assess body composition. *Obesity (Silver*

Spring). 2012; 20(1):30 – 39.

[127] Visser M, Kritchevsky S B, Goodpaster B H, et al. Leg muscle mass and composition in relation to lower extremity performance in men and women aged 70 to 79: the health, aging and body composition study. *J Am Geriatr Soc.* 2002;50(5):897 – 904.

[128] Goodpaster B H, Park S W, Harris T B, et al. The loss of skeletal muscle strength, mass, and quality in older adults: the Health, Aging and Body Composition Study. *J Gerontol A Biol Sci Med Sci.* 2006;61(10):1059 – 1064.

[129] Newman A B, Lee J S, Visser M, et al. Weight change and the conservation of lean mass in old age: the Health, Aging and Body Composition Study. *Am J Clin Nutr.* 2005;82(4):872 – 878; quiz 915 – 876.

[130] Cussler E C, Going S B, Houtkooper L B, et al. Exercise frequency and calcium intake predict four – year bone changes in postmenopausal women. *Osteoporos Int.* 2005;16(12):2129 – 2141.

[131] Milliken L A, Cussler E, Zeller R A, et al. Changes in soft tissue composition are the primary predictors of 4 – year bone mineral density changes in postmenopausal women. *Osteoporos Int.* 2009; 20:347 – 354.

[132] Heymsfield S B, Nunez C, Testolin C, Gallagher D. Anthropometry and methods of body composition measurement for research and field application in the elderly. *Eur J Clin Nutr.* 2000;54(Suppl 3): S26 – S32.

[133] Lean M E, Han T S, Deurenberg P. Predicting body composition by densitometry from simple anthropometric measurements. *Am J Clin Nutr.* 1996;63(1):4 – 14.

[134] Durnin J V, Womersley J. Body fat assessed from total body density and its estimation from skinfold thickness: measurements on 481 men and women aged from 16 to 72 years. *Br J Nutr.* 1974;32(1):77 – 97.

[135] Kyle U G, Genton L, Hans D, Pichard C. Validation of a bioelectrical impedance analysis equation to predict appendicular skeletal muscle mass (ASMM). *Clin Nutr.* 2003;22(6):537 – 543.

[136] Dos Santos L, Cyrino E S, Antunes M, Santos D A, Sardinha L B. Changes in phase angle and body composition induced by resistance training in older women. *Eur J Clin Nutr.* 2016; 70(12): 1408 – 1413.

[137] Norman K, Stobaus N, Pirlich M, Bosy – Westphal A. Bioelectrical phase angle and impedance

vector analysis: clinical relevance and applicability of impedance parameters. *Clin Nutr.* 2012; 31(6):854–861.

[138] Earthman C P. Body composition tools for assessment of adult malnutrition at the bedside: a tutorial on research considerations and clinical applications. *JPEN J Parenter Enteral Nutr.* 2015; 39(7):787–822.

[139] Plank L D, Li A. Bioimpedance illness marker compared to phase angle as a predictor of malnutrition in hospitalised patients [abstract]. *Clin Nutr.* 2013;32(Suppl 1):S85.

[140] Lukaski H C, Kyle U G, Kondrup J. Assessment of adult malnutrition and prognosis with bioelectrical impedance analysis: phase angle and impedance ratio. *Curr Opin Clin Nutr Metab Care.* 2017; 20(5):330–339.

[141] Onofriescu M, Hogas S, Voroneanu L, et al. Bioimpedance–guided fluid management in maintenance hemodialysis: a pilot randomized controlled trial. *Am J Kidney Dis.* 2014; 64(1): 111–118.

[142] Lemos T, Gallagher D. Current body composition measurement techniques. *Curr Opin Endocrinol Diabetes Obes.* 2017;24(5):310–314.

[143] Toro–Ramos T, Paley C, Pi–Sunyer F X, Gallagher D. Body composition during fetal development and infancy through the age of 5 years. *Eur J Clin Nutr.* 2015;69(12):1279–1289.

[144] Shepherd J A, Ng B K, Fan B, et al. Modeling the shape and composition of the human body using dual energy X–ray absorptiometry images. *PLoS One.* 2017;12(4):e0175857.

编者简介

美国运动医学学会（American College of Sports Medicine，ACSM）成立于1954年，是世界上最大的运动医学和体育科学组织之一。ACSM 在全球拥有 5 万多名会员和经过认证的专业人员，致力于通过科学、教育和医学改善人类健康状况。ACSM 的会员在一系列医学专业、相关健康专业和科学领域工作，致力于运动相关损伤的诊断、治疗和预防，以及运动科学的发展。ACSM 整合和促进运动医学和体育科学的研究、教育和实践应用，以保持和提高人们的体能、身体素质、健康水平和生活质量。

蒂莫西·G. 洛曼（**Timothy G. Lohman**）博士是美国亚利桑那大学的名誉教授，在身体成分评估领域是一位公认的领军科学家。他担任青少年女性身体活动试

验（Trial of Activity for Adolescent Girls，TAAG）——一项关注青少年女性身体活动的多中心合作研究——和骨骼雌激素力量训练（Bone Estrogen Strength Training，BEST）的首席研究员。他是路径研究（Pathways Study）的合作研究者，这是一项旨在预防美国本土儿童肥胖的合作研究（由美国国家心肺血液研究所、四个现场中心和一个协调中心组成）。洛曼博士曾担任妇女健康倡导计划（Women's Health Initiative，WHI）先锋中心（Vanguard

Center）和健康 ABC（Health ABC）长期老龄化研究顾问，他还是库珀研究所（Cooper Institute）的青少年健身顾问，同时也是 ACSM 的会员。他曾担任美国亚利桑那大学身体活动与营养中心主任。

洛曼博士出版的著作包括由人体运动出版社（Human Kinetics）出版的《人体身体成分》第二版（合编）、《身体成分评估进展》（专著）和《人体测量标准化参考手册》（合编）等。他通过多组分模型，帮助建立了儿童的身体成分评估方法。

他的照片由杰·弗勒·洛曼（J'Fleur Lohman）提供。

劳里·A. 米利肯（Laurie A. Milliken）博士是美国运动医学学会资深会员（FACSM），是美国马萨诸塞大学波士顿分校运动与健康科学系的副教授和前系主任。她自 1998 年以来一直是美国运动医学学会新英格兰分会（New England Chapter of the American College of Sports Medicine）的活跃会员，曾担任州议员、执行委员会委员、继续教育委员会主任。她曾在 ACSM 研究奖励委员会任职，也是《ACSM 健康与健身杂志》的编委会成员。她目前是《运动医学与科学》《应用生理学杂志》《欧洲应用生理学杂志》等前沿科学期刊的同行评审专家。她自 1994 年以来一直是 ACSM 的会员，并在许多年会上发表了她的研究成果。她的研究兴趣包括全生命周期中运动对身体成分的调节。她的研究获得了美国国立卫生研究院的资助。

她的照片由约翰·马西埃尔（John Maciel）摄影公司提供。

译者简介

倪国新　医学博士，主任医师，教授，博士生导师，博士后合作导师，德国洪堡学者。现任厦门大学附属第一医院康复医学科主任，兼任中国老年学和老年医学学会运动健康科学分会副会长、中华预防医学会体育运动与健康分会常委、中国解剖

协会运动解剖科学分会常委等职务。受聘为 *Frontiers in Physiology* 副主编；*BMC Musculoskeletal Disorders, BioMed Research International, World Journal of Clinical Cases, Journal of Sports Science* 等多个 SCI 收录杂志编委会和顾问委员会委员；40 多种国际知名期刊特邀审稿专家、国家自然科学基金委员会评专家；首批国家健康科普专家和首批国家卫生健康技术推广服务专家。

主持澳大利亚"长江奋进奖"、德国洪堡研究基金、国家重点研发计划、国家自然科学基金项目等国内外研究课题 20 余项；以第一作者和（或）通讯作者发表 SCI 文章 70 余篇；荣获"2021 年度健康传播影响力人物"。

张培珍　博士，博士生导师，北京体育大学教授。北京健康教育协会老龄健康专业委员会副主任委员，中国老年学和老年医学学会运动健康科学分会委员和青委

会常务委员，中华预防医学会健康风险评估与控制专业委员会青委会委员等；
Frontiers in Physiology 编委会成员，国家体育总局《全
民健身指南》编委，国家卫生健康委员会疾病预防控
制局指导《中国人群身体活动指南（2021）》编委，多
个国内外知名期刊的同行评审专家。长期从事运动医
学与健康促进领域的教学和科研工作。

　　主持国家重点研发计划"主动健康和老龄化科技
应对"重点专项课题、教育部留学回国人员科研启动
基金、北京市科学技术委员会科研基金、国家体育总
局重点研究领域课题、北京市重点实验室科研课题等
20 余项；主编《血脂异常人群运动处方的研究与应用》
《血脂异常人群健身指南》等学术专著和教材 3 部；在国内外发表专业科研论文 150
余篇；研究成果获"中国体育科学学会科学技术奖"一等奖和二等奖等多个奖项。

　　李然 博士，硕士研究生导师，北京体育大学副教授。国家体育总局"优秀中
青年专业技术人才百人计划"人选。2003 年毕业于北京大学医学部，获得医学学
士学位，2008 年毕业于北京协和医学院/清华大学医学部，获得理学博士学位。2016
年 3 月至 2017 年 3 月，作为国家公派访问学者赴美国印第安纳大学 Richard M.
Fairbanks 公共卫生学院访学。中华预防医学会体育运动与健康分会委员，中国生
物物理学会体育医学分会委员。主要研究方向为运动
促进健康相关的循证医学和慢性病运动干预研究。

　　主持 4 项省部级科研课题、参与 6 项国家级科研
课题的研究；主编《健身气功八段锦运动指南》，参与
撰写《全民健身指南》《第三次全国群众体育现状调查
报告》《2010 年国民体质监测报告》《运动处方》；在
国际学术会议和国内外刊物上发表文章 30 余篇，多篇
论文被 SCI 收录。2010 年参与完成"第三次全国群众
体育现状调查"项目，获得"中国体育科学学会科学
技术奖"一等奖。

致　谢

　　我们要感谢美国运动医学学会（ACSM）给我们撰写这本书的机会。我们也要感谢身体成分领域的研究人员，他们在这一领域创造了如此丰富的知识基础，得以让我们向读者进行概述和解释。同时，我们也要感谢每一章作者的努力，感谢他们的出色工作。如果没有米歇尔·格雷夫斯（Michele Graves）的组织和才能，这本书就写不出来，格雷夫斯对本书进行了编辑和多次修改。此外，我们要感谢人体运动出版社的编辑们，感谢他们快速而准确的工作，使一部伟大的作品最终得以出版。